"1+X"职业技能等级证书配套系列教材

人工智能

深度学习综合实践

北京百度网讯科技有限公司 广州万维视景科技有限公司 ◉ 联合组织编写

罗卿 常城 ◉ 主编

江本赤 盛建强 郭小粉 ◉ 副主编

Artificial Intelligence Deep Learning Integrated Practice

人民邮电出版社

北京

图书在版编目（CIP）数据

人工智能深度学习综合实践 / 罗卿，常城主编. --
北京 ：人民邮电出版社，2022.8
"1+X"职业技能等级证书配套系列教材
ISBN 978-7-115-57589-0

Ⅰ. ①人… Ⅱ. ①罗… ②常… Ⅲ. ①机器学习－职
业技能－鉴定－教材 Ⅳ. ①TP181

中国版本图书馆CIP数据核字(2021)第257863号

内 容 提 要

本书较为全面地介绍深度学习模型训练、计算机视觉模型应用、自然语言处理模型应用等技术。全书共9个项目，包括深度学习全连接神经网络应用、深度学习卷积神经网络应用、深度学习模型训练——循环神经网络应用、计算机视觉模型数据准备、计算机视觉模型训练与应用、计算机视觉模型部署、自然语言处理预训练模型数据准备、自然语言处理预训练模型训练与应用、自然语言处理模型部署等。本书以满足企业用人需求为导向、以岗位技能和综合素质培养为核心，通过理论与实战相结合的方式，培养能够根据深度学习项目需求，完成模型训练、模型应用及预训练模型迁移学习等工作的人才。

本书适用于"1+X"证书制度试点工作中的人工智能深度学习工程应用职业技能等级证书（中级）的教学和培训，也适合作为中等职业学校、高等职业学校、应用型本科院校人工智能相关专业的教材，还适合作为需充实深度学习应用开发知识的技术人员的参考用书。

◆ 主　　编　罗　卿　常　城
副 主 编　江本赤　盛建强　郭小粉
责任编辑　初美呈
责任印制　王　郁　焦志炜

◆ 人民邮电出版社出版发行　　北京市丰台区成寿寺路11号
邮编　100164　　电子邮件　315@ptpress.com.cn
网址　https://www.ptpress.com.cn
固安县铭成印刷有限公司印刷

◆ 开本：787×1092　1/16
印张：8.5　　2022年8月第1版
字数：213千字　　2025年1月河北第4次印刷

定价：39.80元

读者服务热线：(010)81055256　印装质量热线：(010)81055316
反盗版热线：(010)81055315
广告经营许可证：京东市监广登字20170147号

前言

PREFACE

随着互联网、大数据、云计算、物联网、5G通信技术的快速发展以及以深度学习为代表的人工智能技术的突破，人工智能领域的产业化成熟度越来越高。人工智能正在与各行各业快速融合，助力传统行业转型升级、提质增效，在全球范围内引发了全新的产业发展浪潮。艾瑞咨询公司提供的数据显示，超过77%的人工智能企业属于应用层级企业，这意味着大多数人工智能相关企业需要的人才并非都是底层开发人才，更多的是技术应用型人才，这样的企业适合职业院校和应用型本科院校学生就业。并且，许多人工智能头部企业开放了成熟的工程工具和开发平台，可促进人工智能技术广泛应用于智慧城市、智慧农业、智能制造、无人驾驶、智能终端、智能家居、移动支付等领域并实现商业化。

教育、科技、人才是全面建设社会主义现代化国家的基础性、战略性支撑。本书全面贯彻党的二十大精神，坚持科技是第一生产力、人才是第一资源、创新是第一动力，深入实施科教兴国战略、人才强国战略、创新驱动发展战略，开辟发展新领域新赛道，不断塑造发展新动能新优势。为积极响应《国家职业教育改革实施方案》，贯彻落实《国务院办公厅关于深化产教融合的若干意见》和《新一代人工智能发展规划》的相关要求，应对新一轮“科技革命”和“产业变革”的挑战，促进人才培养供给侧和产业需求侧结构要素的全方位融合，深化产教融合、校企合作，健全多元化办学体制，完善职业教育和培训体系，培养高素质劳动者和技能人才，北京百度网讯科技有限公司联合广州万维视景科技有限公司以满足企业用人需求为导向，以岗位技能和综合素质培养为核心，组织高职院校的学术带头人和企业工程师共同编写本书。本书是“1+X”证书制度试点工作中的人工智能深度学习工程应用职业技能等级证书（中级）指定教材，采用“教、学、做一体化”的教学方法，可为培养高端应用型人才提供适当的教学与训练。本书以实际项目转化的案例为主线，按“理实一体化”的指导思想，从“鱼”到“渔”，培养读者的知识迁移能力，使读者做到学以致用。

本书主要特点如下。

1. 引入百度人工智能工具平台技术和产业实际案例，深化产教融合

本书以产学研结合作为教材开发的基本方式，依托行业、头部企业的人工智能技术研究和业务应用，开展人工智能开放平台的教学与应用实践，发挥行业企业在教学过程中无可替代的关键作用，提高教学内容与产业发展的匹配度，深化产教融合。通过本书，读者能够依托如百度公司的EasyData智能数据服务平台、EasyDL零门槛AI开发平台等工具平台，高效地进行学习和创新实践，掌握与行业企业要求匹配的专业技术。

前言

PREFACE

2. 以“岗课赛证”融通为设计思路，培养高素质技术技能型人才

本书基于人工智能训练师国家职业技能标准的技能要求和知识要求进行设计，介绍完成职业任务所应具备的专业技术能力，依据“1+X”人工智能深度学习工程应用职业技能等级证书考核要求，并将“中国软件杯大学生软件设计大赛芯片质检赛道——基于百度飞桨 EasyDL 平台的芯片质检系统”等竞赛中的新技术、新标准、新规范融入课程设计，将大赛训练与实践教学环节相结合，实施“岗课赛证”综合育人，培养学生综合创新实践能力。

3. 理论与实践紧密结合，注重动手能力的培养

本书采用任务驱动式项目化体例，每个项目均配有实训案例。在全面、系统介绍各项目知识准备内容的基础上，介绍可以整合“知识准备”的案例，通过丰富的案例使理论教学与实践教学交互进行，强化对读者动手能力的培养。

万维视景公众号

本书为融媒体教材，配套视频、PPT、电子教案等资源，读者可扫码免费观看视频，登录人邮教育社区（www.ryjiaoyu.com）下载相关资源。本教材还提供在线学习平台——Turing AI 人工智能交互式在线学习和教学管理系统，以方便读者在线编译代码及交互式学习深度学习框架开发应用等技能。如需体验该系统，或获取案例源代码，读者可扫描二维码关注公众号，联系客服获取试用账号。

慕课视频

本书编者拥有多年的实际项目开发经验，并拥有丰富的教育教学经验，完成过多轮次、多类型的教育教学改革与研究工作。本教材由深圳信息职业技术学院罗卿、北京百度网讯科技有限公司常城任主编，安徽工程大学江本赤、深圳信息职业技术学院盛建强、河南农业职业学院郭小粉任副主编，广州万维视景科技有限公司冯俊华、庄晓辉等工程师也参与了图书编写。

由于编者水平有限，书中不妥或疏漏之处在所难免，殷切希望广大读者批评指正。同时，恳请读者发现不妥或疏漏之处后，能于百忙之中及时与编者联系，编者将不胜感激，E-mail：veryvision@tringai.com。

编 者

2023 年 5 月

目录

CONTENTS

目录

CONTENTS

目录

CONTENTS

目录

CONTENTS

第1篇 深度学习模型训练

国家提出并贯彻新发展理念，着力推进高质量发展，推动构建新发展格局，实施供给侧结构性改革，制定一系列具有全局性意义的区域重大战略，我国经济实力实现历史性跃升。在人工智能领域，国家也加快了布局，并且随着人工智能行业的快速发展，人工智能中的深度学习也欣欣向荣。从20世纪90年代初期神经网络被应用于邮政编码识别，到今天的“智能抠图”“人机对话”“视频推荐”等形形色色的应用，可以说深度学习已经渗入人们生活的方方面面。

本篇将从深度学习领域简单的模型——全连接神经网络开始，逐步深入卷积神经网络和循环神经网络，主要介绍深度学习中的激活函数、交叉熵函数等概念。本篇内容可帮助读者学会从零开始搭建深度学习模型，为读者进一步深入了解深度学习领域打下基础。

项目 1 深度学习全连接神经网络应用

01

全连接神经网络是深度学习领域中较为基础，也较为重要的一个模型。

项目目标

（1）熟悉全连接神经网络和分类任务的基本概念。
（2）了解分类任务与回归任务的区别。
（3）了解激活函数及交叉熵函数的基本概念。
（4）掌握全连接神经网络的搭建与训练流程。
（5）能够应用深度学习框架搭建全连接神经网络。

项目描述

本项目首先回顾深度学习的分类任务，接着对全连接神经网络、激活函数和交叉熵损失进行详细的介绍，最后将会以手写数字识别任务为例来详细介绍全连接神经网络及其训练流程。

知识准备

1.1 深度学习分类任务

在中级上册项目 7“机器学习模型训练”中，已经介绍了分类任务和回归任务的概念，本项目中介绍的手写数字识别任务也属于分类任务，下面将详细介绍深度学习的分类任务。

1.1.1 深度学习分类任务的概念

深度学习的分类任务与机器学习一样，是通过学习样本中的规律，建立一个从输入到输出的映射，其中输出值为离散值。深度学习的分类任务根据类别标签可分为二分类任务、多分类任务和多标签分类任务，接下来对这 3 种分类任务进行介绍。

1.1.2 深度学习分类任务的类型

1. 二分类任务

二分类任务是指具有两个类别标签的分类任务。判断样本是否属于某一类别的问题，通常将属于某一类别的样本记为正常状态，赋予标签 1；将不属于某一类别的样本记为异常状态，赋予标签 0。如以判断新闻类型是否为体育新闻为例，将新闻分为体育新闻和非体育新闻两类，则体育新闻属于正常状态的类别。

2. 多分类任务

多分类任务是指具有两个以上类别标签的分类任务，其中每个样本只能有一个标签。与二分类任务不同，多分类任务没有正常状态和异常状态的概念，样本被分类为属于一系列已知类别中的一个。在某些问题上，类别标签的数量可能很大。常见的多分类任务有鸢尾花分类和手写数字识别等。

3. 多标签分类任务

多标签分类任务是指具有两个或多个类别标签的分类任务，其中每个样本可以预测为有一个或多个类别标签。例如，图像中给定多个对象，且模型可预测图像中的各个已知对象，像“自行车”“公交车”和“行人”等。用于二分类或多分类任务的分类算法不能直接用于多标签分类任务。

二分类任务是分类问题的基础，二分类任务的解决方法也可以有效处理多分类任务，但多标签分类任务则需要更为成熟的方法来解决。尤其是在自然语言处理领域，想要提高分类任务的准确率，必须使用性能更加优异的模型和算法准确捕获文本语义的特征，才能实现更为准确的标签分类。

1.1.3 分类任务与回归任务的区别

分类任务与回归任务的区别，主要在于需要预测的值的类型不同。

分类任务的预测结果处于离散区间内，这种任务预测该值属不属于某一类或者属于哪一类，如预测一个人健康还是不健康，明天是阴天、晴天还是雨天。这种预测结果只有有限个数的值，再把每一个值当作一个类别，因此，分类任务就是预测对象所属类别的任务。

回归任务的预测结果处于连续区间内。如要通过一个人的饮食情况预测体重，体重的数值可以有无穷多个，有的人的体重为 50kg，有的人的体重为 51kg，在 50 和 51 之间存在无穷多个数值，这种对于连续的数值进行预测的任务就是回归任务。

1.2 全连接神经网络

神经元是神经网络的基本组成单元。神经元排成一列，每一列相互连接起来，便构成神经网络。如果某一层的每一个神经元都与上一层的所有神经元相连，便是全连接神经网络。图 1-1 展示了一个全连接神经网络，其中包含输入层、隐藏层与输出层共 3 层网络。

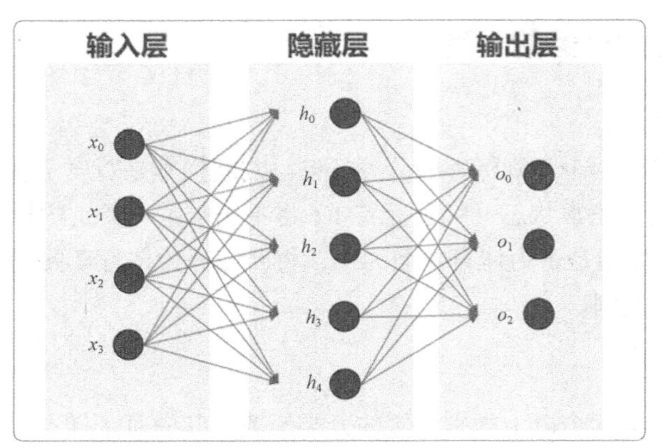

图 1-1　全连接神经网络

全连接神经网络 3 层网络的作用如下。

● 输入层：负责接收输入数据。输入层节点的个数就是特征的数量，又称维度。

● 隐藏层：用于增加网络深度和复杂度。隐藏层的层数和维度是可以调整的，层数和维度越多，模型的能力越强，参数量也会增加。

● 输出层：负责输出神经网络的计算结果。输出层的维度是固定的，如果是回归问题，则维度量为 1；如果是分类问题，则维度量为类别标签的数量。

整体来看，全连接神经网络中的同一层神经元之间没有连接，而第 N 层的每个神经元和第 N-1 层的所有神经元相连，第 N-1 层神经元的输出就是第 N 层神经元的输入，这也是全连接的含义。假设为该网络输入 x_0、x_1、x_2、x_3 共 4 个数，且直接将各层的输出作为下一层的输入，则隐藏层的 h_0 与输出层的 o_0 的计算公式如下。

$$\text{隐藏层：} h_0=x_0w_{x_0h_0}+x_1w_{x_1h_0}+x_2w_{x_2h_0}+x_3w_{x_3h_0}$$

$$\text{输出层：} o_0=h_0w_{h_0o_0}+h_1w_{h_1o_0}+h_2w_{h_2o_0}+h_3w_{h_3o_0}+h_4w_{h_4o_0}$$

其中 w 是神经网络中相应的权重。通过公式可以发现，这里的全连接神经网络相较于只有输出层的全连接神经网络虽然新增了一层隐藏层，但内部涉及的计算公式依旧是线性公式。即使联立隐藏层及输出层的公式，得到的也只是较为复杂的含权重与偏置的公式，本质上和单层神经网络一致，原始输入和最终输出之间都是线性关系。

为了解决原模型非线性表达能力不足的缺点，需要引入激活函数的概念。激活函数可以使神经网络具有非线性变换的能力。

1.3 激活函数

常用的激活函数包括 Sigmoid() 函数、ReLU() 函数和 Softmax() 函数。下面简单介绍这 3 种激活函数。

1.3.1 Sigmoid() 函数

Sigmoid() 函数是常见的激活函数，取值范围为 (0,1)，用于隐藏层的神经元输出。它可以将一个实数 x 映射到 (0,1) 上，用来处理二分类任务。其数学公式如下。

$$\text{Sigmoid}(x)=\frac{1}{1+\mathrm{e}^{-x}}$$

可以通过以下代码了解 Sigmoid() 函数对 -20 ～ 20 的数值的处理效果。

```
import matplotlib.pyplot as plt
import numpy as np

def Sigmoid(x):
    return 1./(1.+np.exp(-x))

x = np.arange(-20, 20, 0.5)
y = Sigmoid(x)
plt.plot(x, y)
plt.show()
```

输出结果如图 1-2 所示。

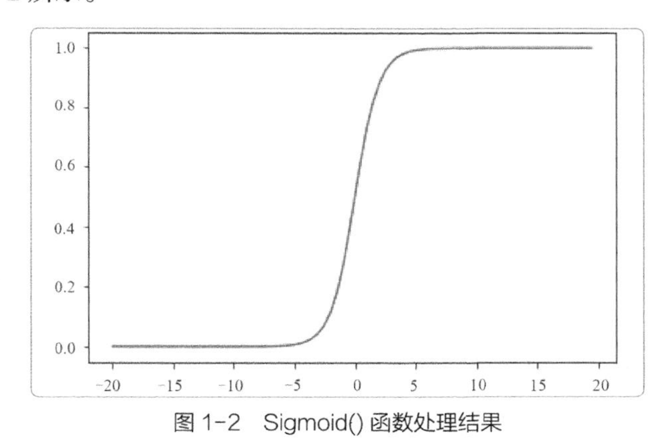

图 1-2　Sigmoid() 函数处理结果

从图 1-2 中可以看到，-20 ～ 20 的数值经过 Sigmoid() 函数处理后都变成了 0 ～ 1 的数值，即 0 ～ 1 的概率值。

1.3.2　ReLU() 函数

与 Sigmoid() 函数类似，ReLU() 函数也是激活函数的一种，也能够提高神经网络的非线性表达能力。ReLU() 函数的数学公式如下，其中，x 为输入的数据。

$$\text{ReLU}(x)=\begin{cases}0, & x\leqslant 0\\ x, & x>0\end{cases}$$

可以通过以下代码了解 ReLU() 函数对 -20 ～ 20 的数值的处理效果。

```
import matplotlib.pyplot as plt
import numpy as np

def ReLU(x):
    return (np.abs(x) + x) / 2.0
```

```
x = np.arange(-20, 20, 0.5)
y = ReLU(x)
plt.plot(x, y)
plt.show()
```

输出结果如图 1-3 所示。

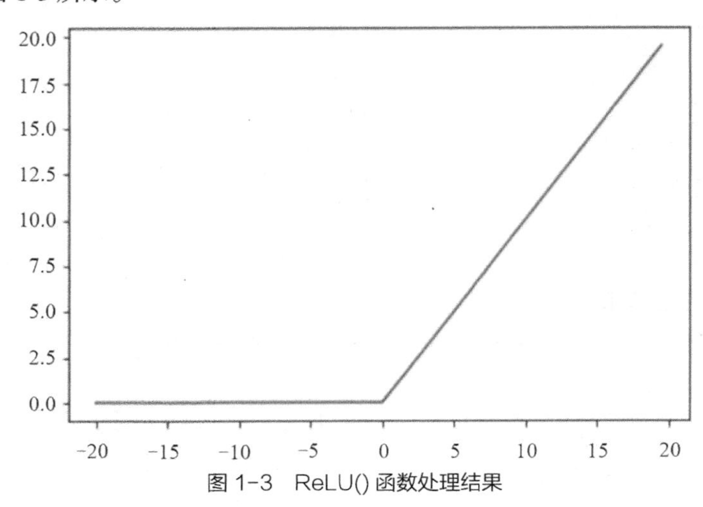

图 1-3　ReLU() 函数处理结果

由于 Sigmoid() 函数需要进行指数运算，计算量较大，因此不需要进行指数运算的 ReLU() 函数逐渐受到开发者的青睐。

1.3.3　Softmax() 函数

Softmax() 函数可以把输入处理成 0 ～ 1 的数值，并且能够使输出归一化，使输出值总和为 1。Softmax() 函数的数学公式如下。

$$\text{Softmax}\ (z_i) = \frac{e^{z_i}}{\sum_{j=1}^{K} e^{z_j}}, i = 1, \cdots, K$$

其中 K 是样本的总数量，$\boldsymbol{z}=(z_1, \cdots, z_K)$ 是经过计算后得到的归一化前的结果。假设有一组数据 1、6、1，将其输入 Softmax() 函数，可以通过以下代码查看输入后的处理结果。

```
import numpy as np

def Softmax(x):

    assert(len(x.shape) == 2)
    # 通过 Softmax() 函数计算
    row_max = np.max(x, axis=axis).reshape(-1, 1)
    x -= row_max
    x_exp = np.exp(x)
    s = x_exp / np.sum(x_exp, axis=axis, keepdims=True)
```

```
    return s

# Softmax() 函数的输入需要为二维数组
A= np.array([[1, 6, 1]])
# 通过 Softmax() 函数计算
s = Softmax(A)

# 查看 Softmax() 函数的计算结果
print("Softmax 计算结果：{}".format(s1))
# 查看计算结果的和
print("Softmax 计算结果的和：{}".format(int(s[0][0]+s[0][1]+s[0][2])))
```

输出结果如下。

```
Softmax 计算结果：[[0.00664835 0.98670329 0.00664835]]
Softmax 计算结果的和：1
```

Softmax() 函数的意义在于为每个输出分类的结果都赋予一个概率值，用于表示属于每个类别的可能性。因此 Softmax() 函数也多用于处理多分类任务中的神经网络的输出。

1.4 交叉熵损失函数

使用激活函数将神经网络的输入经过非线性转化得到预测结果后，需要度量该预测结果与实际结果之间的差距。在分类任务中，常用交叉熵损失函数来度量预测结果与实际结果之间的差距。当数据的种类为 N 时，交叉熵损失函数 C 的数学公式如下，其中 i 表示数据的标号。

$$C = -\frac{1}{N}\sum_{i=1}^{N} y_i \log(a_i)$$

y 为期望输出，a 为神经元的真实输出。交叉熵损失函数具有如下两个性质。

- 交叉熵损失函数的结果总为负数。
- 当期望输出 y 与真实输出 a 接近的时候，交叉熵损失函数的结果接近 0。比如"期望输出 y 为 0，真实输出 a 接近 0"或"期望输出 y 为 1，真实输出 a 接近 1"时，交叉熵损失函数的结果都接近 0。

1.5 手写数字识别数据集

本项目将通过手写数字识别分类任务，来详细介绍全连接神经网络的搭建与训练方法。手写数字识别数据集是由 6 万个训练图像和 1 万个测试图像构成的，每个图像都是 28 像素 ×28 像素的灰度图像，这些图像中是由不同的人手写的 0 ～ 9 的数字。

图 1-4 展示了手写数字图像在计算机中的存储方式。存储在计算机中的图像并不是传统意义上的 PNG 或者 JPG 格式的图像，这些图像会被处理成很简易的二维数组。而在数据集中，每个图像的二维数组通过一个长度为 784 的向量来表示。

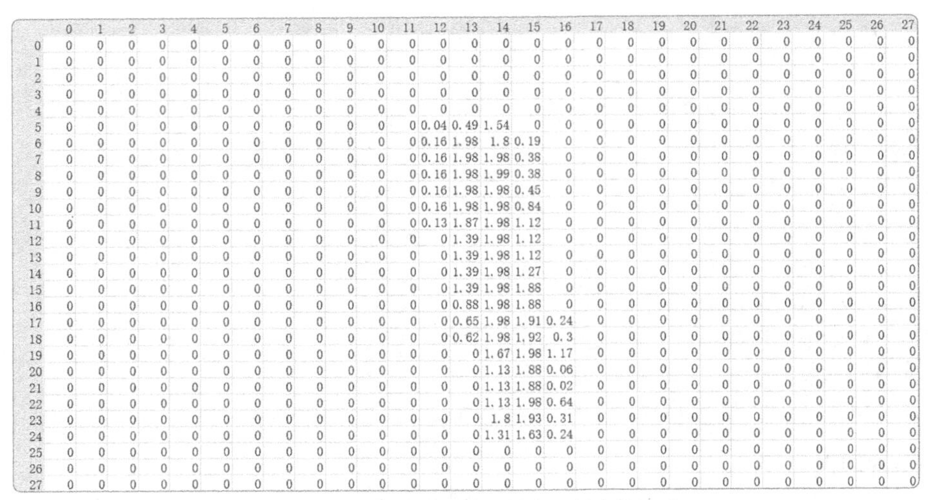

	0	1	2	3	4	5	6	7	8	9	10	11	12	13	14	15	16	17	18	19	20	21	22	23	24	25	26	27
0	0	0	0	0	0	0	0	0	0	0	0	0	0	0	0	0	0	0	0	0	0	0	0	0	0	0	0	0
1	0	0	0	0	0	0	0	0	0	0	0	0	0	0	0	0	0	0	0	0	0	0	0	0	0	0	0	0
2	0	0	0	0	0	0	0	0	0	0	0	0	0	0	0	0	0	0	0	0	0	0	0	0	0	0	0	0
3	0	0	0	0	0	0	0	0	0	0	0	0	0	0	0	0	0	0	0	0	0	0	0	0	0	0	0	0
4	0	0	0	0	0	0	0	0	0	0	0	0	0	0	0	0	0	0	0	0	0	0	0	0	0	0	0	0
5	0	0	0	0	0	0	0	0	0	0	0	0	0.04	0.49	1.54	0	0	0	0	0	0	0	0	0	0	0	0	0
6	0	0	0	0	0	0	0	0	0	0	0	0	0.16	1.98	1.8	0.19	0	0	0	0	0	0	0	0	0	0	0	0
7	0	0	0	0	0	0	0	0	0	0	0	0	0.16	1.98	1.98	0.38	0	0	0	0	0	0	0	0	0	0	0	0
8	0	0	0	0	0	0	0	0	0	0	0	0	0.16	1.98	1.99	0.38	0	0	0	0	0	0	0	0	0	0	0	0
9	0	0	0	0	0	0	0	0	0	0	0	0	0.16	1.98	1.98	0.45	0	0	0	0	0	0	0	0	0	0	0	0
10	0	0	0	0	0	0	0	0	0	0	0	0	0.16	1.98	1.98	0.84	0	0	0	0	0	0	0	0	0	0	0	0
11	0	0	0	0	0	0	0	0	0	0	0	0	0.13	1.87	1.98	1.12	0	0	0	0	0	0	0	0	0	0	0	0
12	0	0	0	0	0	0	0	0	0	0	0	0	0	1.39	1.98	1.12	0	0	0	0	0	0	0	0	0	0	0	0
13	0	0	0	0	0	0	0	0	0	0	0	0	0	1.39	1.98	1.12	0	0	0	0	0	0	0	0	0	0	0	0
14	0	0	0	0	0	0	0	0	0	0	0	0	0	1.39	1.98	1.27	0	0	0	0	0	0	0	0	0	0	0	0
15	0	0	0	0	0	0	0	0	0	0	0	0	0	1.39	1.98	1.88	0	0	0	0	0	0	0	0	0	0	0	0
16	0	0	0	0	0	0	0	0	0	0	0	0	0	0.88	1.98	1.88	0	0	0	0	0	0	0	0	0	0	0	0
17	0	0	0	0	0	0	0	0	0	0	0	0	0	0.65	1.98	1.91	0.24	0	0	0	0	0	0	0	0	0	0	0
18	0	0	0	0	0	0	0	0	0	0	0	0	0	0.62	1.98	1.92	0.3	0	0	0	0	0	0	0	0	0	0	0
19	0	0	0	0	0	0	0	0	0	0	0	0	0	0	1.67	1.98	1.17	0	0	0	0	0	0	0	0	0	0	0
20	0	0	0	0	0	0	0	0	0	0	0	0	0	0	1.13	1.88	0.06	0	0	0	0	0	0	0	0	0	0	0
21	0	0	0	0	0	0	0	0	0	0	0	0	0	0	1.13	1.88	0.02	0	0	0	0	0	0	0	0	0	0	0
22	0	0	0	0	0	0	0	0	0	0	0	0	0	0	1.13	1.98	0.64	0	0	0	0	0	0	0	0	0	0	0
23	0	0	0	0	0	0	0	0	0	0	0	0	0	0	1.8	1.93	0.31	0	0	0	0	0	0	0	0	0	0	0
24	0	0	0	0	0	0	0	0	0	0	0	0	0	0	1.31	1.63	0.24	0	0	0	0	0	0	0	0	0	0	0
25	0	0	0	0	0	0	0	0	0	0	0	0	0	0	0	0	0	0	0	0	0	0	0	0	0	0	0	0
26	0	0	0	0	0	0	0	0	0	0	0	0	0	0	0	0	0	0	0	0	0	0	0	0	0	0	0	0
27	0	0	0	0	0	0	0	0	0	0	0	0	0	0	0	0	0	0	0	0	0	0	0	0	0	0	0	0

图 1-4　手写数字图像在计算机中的存储方式

在项目实施中，将会使用手写数字识别数据集来训练一个简单的神经网络。

1.6 全连接神经网络的训练方法

在中级上册项目 10“深度学习线性回归模型应用”中，已基于汽车油耗量的场景，通过 5 个步骤完成了线性回归模型的构建和训练。同线性回归模型一样，全连接神经网络也需要训练，其需对数据进行学习才能发挥作用。也就是将各个权重和偏置调到最优值，使全连接神经网络最终具备处理问题的能力。对于全连接神经网络的构建与训练，可以参考中级上册项目 9“深度学习框架基础功能应用”中介绍的 5 个步骤来完成，但是根据实际情况的不同，步骤之间的任务和顺序会有少许变动。

- 数据准备：读取数据，并预处理数据。
- 模型设计：设计网络结构，包括模型的输入、输出和架构。
- 训练配置：设定模型优化器，并配置计算资源。
- 模型训练：循环调用训练过程，每轮均包括前向传播、调用损失函数和后向传播这 3 个步骤。
- 模型应用：保存训练好的模型，以备预测时调用。

在后续的项目实施中，将以手写数字识别分类任务作为实操项目，通过以上 5 个步骤完成全连接神经网络的构建与训练，并将其应用在手写数字识别应用中。

项目实施｜通过全连接神经网络识别手写数字

1.7 实施思路

通过对知识准备内容的学习，读者应该已经了解了全连接神经网络的原理及激活函数和交叉熵损失函数。接下来将通过全连接神经网络的构建与训练，实现手写数字识别。以下是本项目的实施步骤。

（1）导入项目所需库。
（2）加载手写数字识别数据集。
（3）设计网络结构。
（4）训练配置及模型训练。
（5）应用模型。

1.8 实施步骤

步骤 1：导入项目所需库

在实验前，需要通过如下代码先加载 PaddlePaddle（飞桨）及与手写数字识别模型相关的库。本项目使用的是 PaddlePaddle 2.0。

```
# 加载 PaddlePaddle 和相关库
import paddle
from paddle.nn import Linear
import paddle.nn.functional as F
import os
import numpy as np
import matplotlib.pyplot as plt
```

步骤 2：加载手写数字识别数据集

通过调用 paddle.vision.datasets.MNIST() 的应用程序接口（Application Program Interface，API）设置数据读取器，读取训练集数据，代码如下。

```
# 设置数据读取器，API 自动读取 MNIST 训练集数据
train_dataset = paddle.vision.datasets.MNIST(mode='train')
```

通过如下代码读取任意数据内容，观察输出结果。

```
train_data0 = np.array(train_dataset[0][0])
train_label_0 = np.array(train_dataset[0][1])

# 显示第一个批次的第一个图像
import matplotlib.pyplot as plt
plt.figure("Image") # 图像窗口名称
plt.figure(figsize=(2, 2))
plt.imshow(train_data0, cmap=plt.cm.binary)
plt.axis('on') # 关闭坐标轴为 off
plt.title('image') # 图像题目
plt.show()

print("图像数据形状和对应数据为：", train_data0.shape)
print("图像标签形状和对应数据为：", train_label_0.shape, train_label_0)
```

```
print( "\n 输出第一个批次的第一个图像，对应标签数字为 {}" .format(train_label_0))
```

程序输出结果如图 1-5 所示。

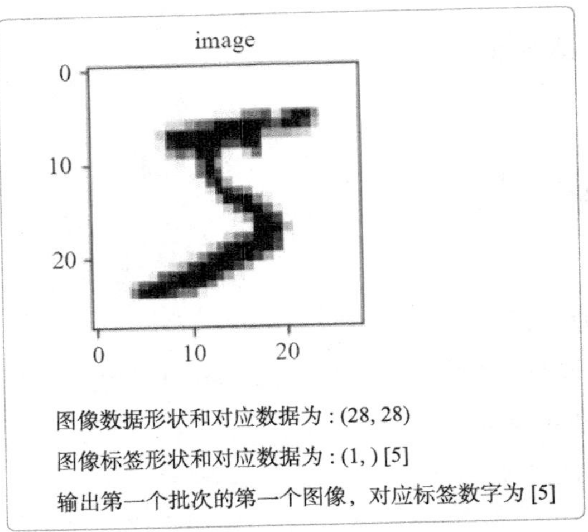

图 1-5　数字“5”图像

步骤 3：设计网络结构

基于本项目的学习，我们可以将线性回归模型扩展成全连接神经网络，优化后的全连接神经网络的结构如图 1-6 所示。

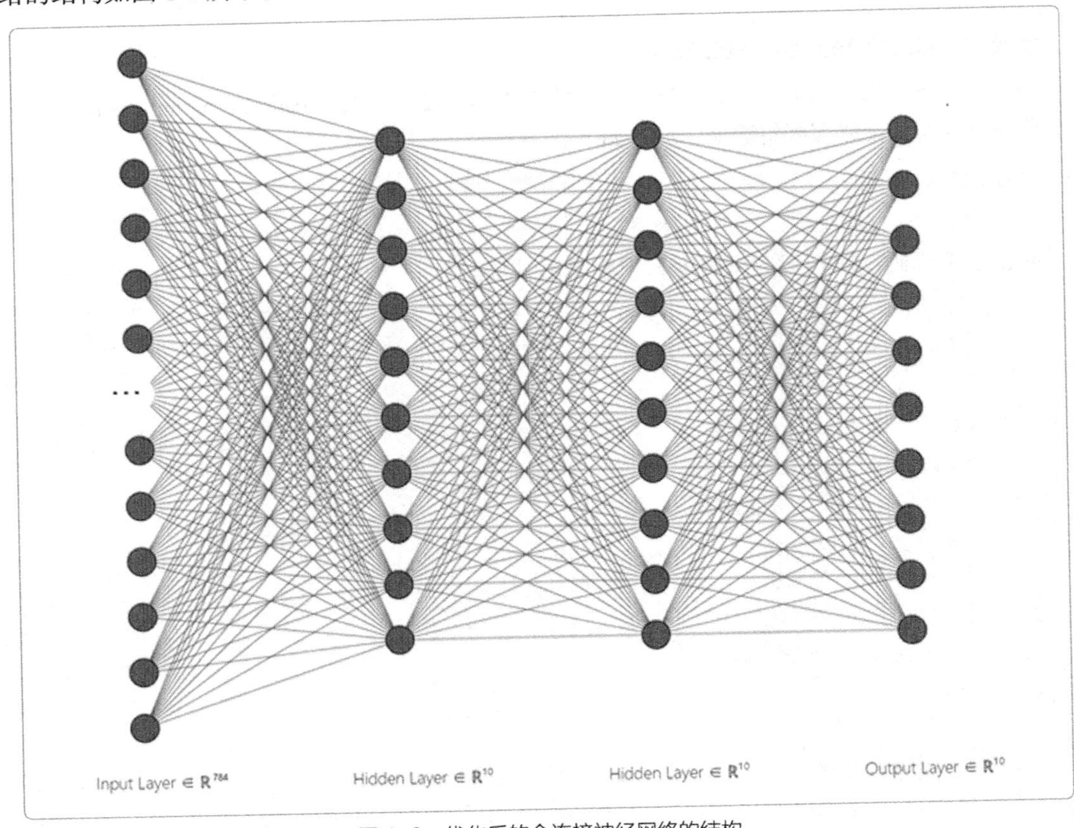

图 1-6　优化后的全连接神经网络的结构

● 输入层：因为原始数据为 28 像素 ×28 像素的图像数据，所以将输入层的维度设置为 784。

● 隐藏层：设置两层隐藏层的维度为 100×100，并设置激活函数为 ReLU() 函数。

● 输出层：模型的输出是 10 个数字各自的概率，因此将输出层的维度设置为 10，并设置激活函数为 Softmax() 函数。

可以看到本项目所定义的全连接神经网络与线性回归模型的主要区别是新增了隐藏层并修改了对应的激活函数，具体代码如下。

```
# 定义多层全连接神经网络
class MNIST(paddle.nn.Layer):
  def __init__(self):
    super(MNIST, self).__init__()
    # 定义第一层全连接隐藏层，输入维度是 784，输出维度是 100
    self.fc1 = Linear(in_features=784, out_features=100)
    # 定义第二层全连接隐藏层，输入维度是 100，输出维度是 100
    self.fc2 = Linear(in_features=100, out_features=100)
    # 定义一层全连接输出层，输入维度是 100，输出维度是 10
    self.fc3 = Linear(in_features=100, out_features=10)

  # 定义网络的前向计算，隐藏层激活函数为 ReLU() 函数，输出层激活函数为 Softmax() 函数
  def forward(self, inputs):
    outputs1 = self.fc1(inputs)
    outputs1 = F.ReLU(outputs1)
    outputs2 = self.fc2(outputs1)
    outputs2 = F.ReLU(outputs2)
    outputs_final = self.fc3(outputs2)
    outputs_final = F.softmax(outputs_final)
    return outputs_final
```

步骤 4：训练配置及模型训练

完成网络结构设计后，便可定义优化器和损失函数，并开始训练全连接神经网络。

（1）首先定义图像归一化函数，主要是将数据范围为 [0,255] 的图像归一化到范围为 [0,1] 的图像，具体代码如下。

```
def norm_img(img):
  # 验证传入数据的格式是否正确，图像 img 的现状 shape 为 [ 批次大小 batch_size, 28, 28]
  assert len(img.shape) == 3
  batch_size, img_h, img_w = img.shape[0], img.shape[1], img.shape[2]
  # 归一化图像数据
  img = img / 255
  # 将图像形式使用 reshape 方法修改形状为 [ 批次大小 batch_size, 784]
  img = paddle.reshape(img, [batch_size, img_h*img_w])

  return img
```

（2）接着，配置训练相关参数，并启动模型训练。

训练相关参数的配置如下。

- 优化器：设置使用随机梯度下降法（Stochastic Gradient Descent，SGD）优化器，将学习率 learning_rate 的值设置为 0.01。
- 迭代次数：设置迭代次数为 5。
- 训练模型：选择步骤 3 定义的全连接神经网络。
- 损失值计算函数：选择交叉熵函数作为损失值计算函数。

可以注意到，相比于油耗量预测的训练配置步骤，本项目除了在训练模型中将线性回归模型替换为全连接神经网络，还在损失值计算函数中将均方误差函数替换为交叉熵函数。这是因为本项目任务为分类任务，预测的结果为类别标签的概率，因此使用交叉熵函数更符合预测场景要求，具体代码如下。

```
import paddle
# 确保从 paddle.vision.datasets.MNIST 中加载的图像数据是 np.ndarray 类型
paddle.vision.set_image_backend('cv2')

# 声明网络结构
model = MNIST()

def train(model):
    # 启动训练模式
    model.train()
    # 加载训练集，将 batch_size 设为 16
    train_loader = paddle.io.DataLoader(paddle.vision.datasets.MNIST(mode='train'),
                        batch_size=16,
                        shuffle=True)
    # 定义优化器，使用 SGD 优化器，学习率设置为 0.001
    opt = paddle.optimizer.SGD(learning_rate=1e-2, parameters=model.parameters())
    EPOCH_NUM = 5
    for epoch in range(EPOCH_NUM):
        for batch_id, data in enumerate(train_loader()):
            images = norm_img(data[0]).astype('float32')
            labels = data[1].astype('int64')

            # 前向计算的过程
            predicts = model(images)

            # 计算损失
            loss = F.cross_entropy(predicts, labels)
            avg_loss = paddle.mean(loss)
```

```
            # 每训练 1000 批次的数据，输出当前损失的情况
            if batch_id % 1000 == 0:
                print("epoch_id: {}, batch_id: {}, loss is: {}".format(epoch, batch_id, avg_loss.numpy()))

            # 后向传播，更新参数的过程
            avg_loss.backward()
            opt.step()
            opt.clear_grad()

train(model)
paddle.save(model.state_dict(), './mnist.pdparams')
```

步骤 5：应用模型

完成模型的训练后，便能应用该模型进行手写数字识别。

在人工智能交互式在线实训及算法校验系统的 data 目录中存放了手写数字图像，可用于测试模型的应用效果。

当然，在进行模型预测前，需要对预测图像进行数据加载与数据处理，使其转变成模型可以接收的输入数据格式。

通过前面所讲解的内容，读者应知道输入模型的数据为一个长度为 784 的向量，且向量的每个数据的范围为 [0,1]，具体代码如下。

```
# 导入图像读取第三方库
import matplotlib.pyplot as plt
import numpy as np
from PIL import Image

img_path = './data/0.jpg'
# 读取原始图像并显示
im = Image.open(img_path)
plt.imshow(im)
plt.show()
# 将原始图像转换为灰度图像
im = im.convert('L')
print('原始图像形状：', np.array(im).shape)
# 使用 Image.ANTIALIAS 方式采样原始图像
im = im.resize((28, 28), Image.ANTIALIAS)
plt.imshow(im)
plt.show()
print("采样后图像形状：", np.array(im).shape)
```

输出结果如图 1-7 所示。

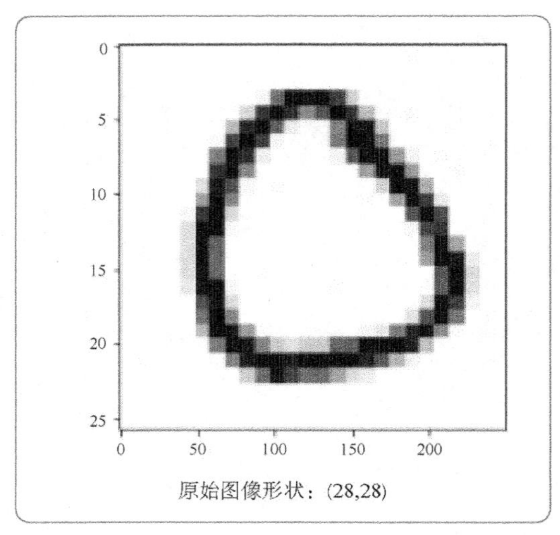

原始图像形状：(28,28)

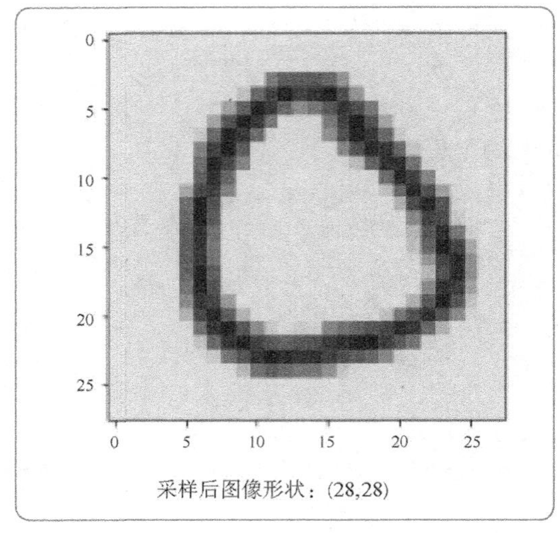

采样后图像形状：(28,28)

图 1-7　原始图像和采样后的图像

可以看到原始图像的内容为“0”，接着将经过数据处理后的样例图像数据输入模型进行预测，具体代码如下。


```
# 读取一个本地的样例图像，将其转变成模型可以接收的输入数据格式
def load_image(img_path):
    # 从 img_path 中读取图像，并将其转换为灰度图像
    im = Image.open(img_path).convert('L')
    # print(np.array(im))
    im = im.resize((28, 28), Image.ANTIALIAS)
    im = np.array(im).reshape(1, -1).astype(np.float32)
    # 图像归一化，保持和数据集的数据范围一致
    im = 1 - im / 255
    return im

# 定义预测过程
model = MNIST()
params_file_path = './data/mnist.pdparams'
# 加载模型参数
param_dict = paddle.load(params_file_path)
model.load_dict(param_dict)
# 输入数据
model.eval()
tensor_img = load_image(img_path)
result = model(paddle.to_tensor(tensor_img))
# 预测输出取整，即为预测的数字，输出结果
print("本次预测的数字是：", np.argsort(result.numpy())[0][-1])
```

输出结果如下。

```
本次预测的数字是：0
```

知识拓展

1.3 节中介绍了 ReLU() 函数，ReLU() 函数可以提高模型对非线性数据的拟合能力，但是 ReLU() 函数也存在缺陷。

当某一层的输出存在大量小于 0 的情况时，经过 ReLU() 函数激活后，该层的大部分单元都会被置为 0。这将导致在梯度更新时，出现许多梯度值为 0 的情况，该轮的训练效率较低。为了解决这个问题，可引入一种新的激活函数——Leaky ReLU()（带泄露线性整流函数），其数学公式如下。

$$\text{Leaky} \mid \text{ReLU}（x）=\begin{cases}0.01x, & x<0 \\ x, & x \geqslant 0\end{cases}$$

由 Leaky ReLU() 函数的数学公式可知，即使输出小于 0，经过 Leaky ReLU() 函数处理后，不会像 ReLU() 函数直接将单元置为 0。这就使得在反向传播的时候，梯度值不会为 0，可帮助提高该轮的训练效率。

课后实训

（1）分类任务主要是对（　　）进行预测。【单选题】

A. 离散值　　B. 连续值

C. 逻辑值　　D. 真实值

（2）对于实现多分类任务，神经网络的最后一层通常使用（　　）。【单选题】

A. 丢弃层　　B. 全连接层

C. Softmax() 函数　　D. 以上说法均不正确

（3）假如神经网络经过某一全连接层的计算之后的输出为 [[0.5840],−0.8381],[−0.7279],[−0.3811],[2.1595]]，则经过 ReLU() 激活函数处理之后得到的值为（　　）。【单选题】

A. [[0.5840],[−0.8381],[−0.7279],[−0.3811],[2.1595]]

B. [[0.0000],[−0.8381],[−0.7279],[−0.3811],0.0000]]

C. [[0.5840],[0.0000],[0.0000],[0.0000],[2.1595]]

D. 以上说法均不正确

（4）下面哪一项不属于分类任务？（　　）【单选题】

A. 鸢尾花预测　　B. 汽车油耗量预测

C. 手写数字预测　　D. 垃圾邮件预测

（5）当真实输出 a 与期望输出 y 接近时，交叉熵函数的结果接近（　　）。【单选题】

A. 0　　B. 1

C. 10　　D. 100

项目 2

深度学习卷积神经网络应用

02

项目1“深度学习全连接神经网络应用”中使用了全连接神经网络来进行手写数字的识别，但其识别的准确率其实并不高，这也是早期人工智能技术为人们所“诟病”的原因。随着神经网络技术的完善以及计算机性能的提升，人们已经能通过深度学习网络出色地完成图像分类等任务，其中比较有代表性的便是卷积神经网络。

项目目标

（1）熟悉卷积神经网络的基本概念。

（2）了解卷积神经网络的组成结构和基本原理。

（3）掌握卷积神经网络的训练流程。

（4）能够基于手写数字识别案例搭建卷积神经网络。

项目描述

本项目首先介绍卷积神经网络的卷积层、池化层等重要概念，然后介绍卷积神经网络的训练方法，最后通过卷积神经网络完成手写数字识别，使读者掌握基于卷积神经网络识别图像的方法。

知识准备

2.1 卷积神经网络的概念

卷积神经网络是人工神经网络的一种，通常用于图像领域，如图像识别、目标检测和神经风格转换等。卷积神经网络的提出受1981年诺贝尔生理学或医学奖得主David Hubel（戴维·休布尔）和Torsten Wiesel（托斯登·威塞尔）的研究影响——两位科学家发现人类视觉系统的信息处理存在一定规律。例如从人的眼睛看到一个人脸图像，到大脑最终识别为人脸的过程中，将经过以下 4 个步骤。

（1）读取数据：瞳孔从光源中摄入图像中的像素信息。

（2）初步处理：大脑皮层某些细胞发现像素信息中的边缘和方向等。

（3）抽象处理：大脑判定眼前的图像中的特征，如鼻子、眼睛等。

（4）进一步抽象处理：大脑进一步将特征进行组合，判定特征组合是人脸。

结合人类视觉系统的信息处理规律，Yann LeCun（杨立昆）提出了一种用于识别手写数字和机器印刷字符的卷积神经网络——LeNet-5。LeNet-5 卷积神经网络组合了卷积、池化和激活函数的特性，能够通过参数共享的卷积操作提取图像中像素特征之间的相关性。

如图 2-1 所示，LeNet-5 一共包含 7 层网络结构，分别为 2 个卷积层、2 个池化层和 3 个连接层。图像数据将通过卷积计算逐层提取出图像的特征，同时通过池化缩小数据的规模。卷积计算使网络的权值能够共享，有效减少了网络的参数，也使得参数的使用更加高效，减轻了神经网络训练的负担。

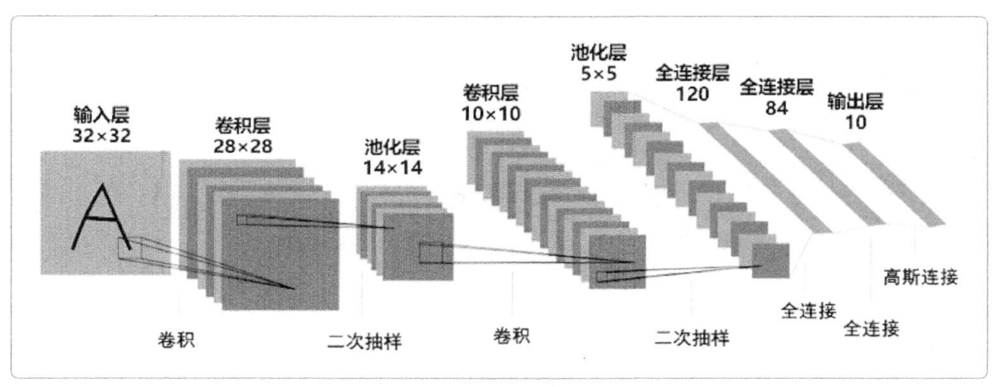

图 2-1　LeNet-5 卷积神经网络

为了使读者能更好地理解卷积神经网络的原理，接下来将介绍卷积神经网络的组成结构——卷积层与池化层。

2.2　卷积层

卷积神经网络中非常关键的是卷积层，卷积层的任务目标可以简单地理解为将相邻像素之间的“轮廓”过滤出来。

2.2.1　卷积计算

回顾全连接神经网络中层与层之间的连接方式可知，全连接层是以 $\boldsymbol{y}=\boldsymbol{wx}+b$ 的形式连接的，而卷积层也是以 $\boldsymbol{y}=\boldsymbol{wx}+b$ 的形式连接的，不同的是在卷积层中引入了卷积核的概念。卷积核是一个矩阵，用于定义卷积层的权重 $\boldsymbol{w}$。

卷积核对目标数据的处理，其实就是使目标矩阵与卷积核相同位置上的元素相乘之后求和。

如图 2-2 所示，将卷积核“盖”在目标矩阵上，并使两个矩阵相同位置上的元素相乘再求和，便能得到处理后的结果。

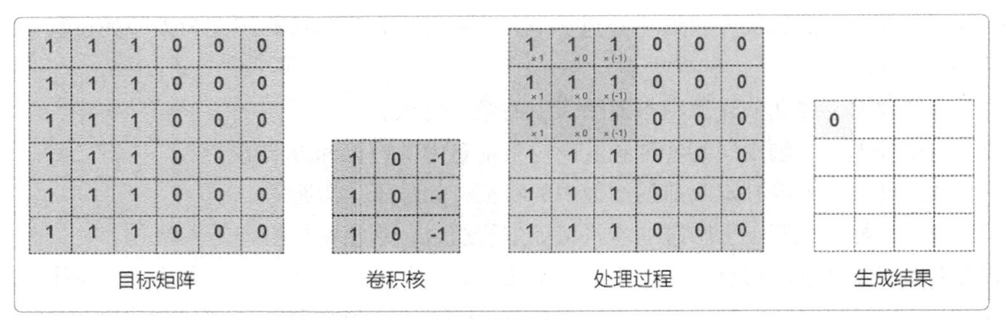

图 2-2　卷积核运作的过程 1

处理完一处数据后，卷积核将向其他区域继续滑动，直到“扫描”完整个目标矩阵为止，这个过程就是“卷积”。如图 2-3 所示，6 × 6 的矩阵经过尺寸为 3 × 3 的卷积核处理后，将生成 4 × 4 的矩阵结果。

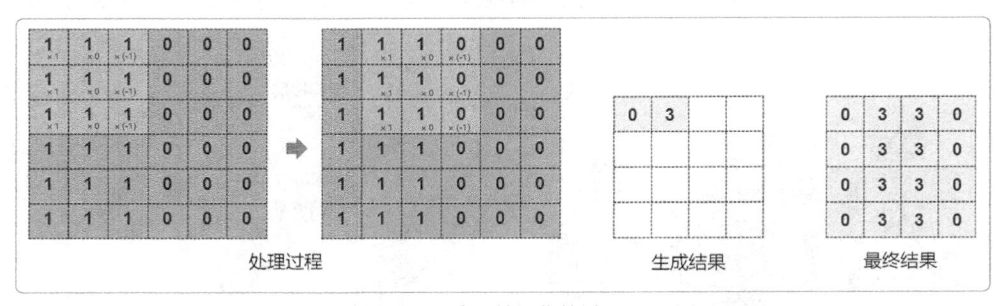

图 2-3　卷积核运作的过程 2

对比卷积处理前后的矩阵，可以看到原先左右分布的数字矩阵变成了中间分布的数字矩阵。

当然，本例中用到的卷积核是人为定义的卷积核，该卷积核仅能提取出竖直方向的边界特征，而不同的物体一般有成千上万种特征，人为逐个定义卷积核将是十分庞大的工程。这也是为什么需要通过不断训练模型以得到最合适的卷积核。所以训练卷积神经网络的目的与训练全连接神经网络的目的一致，即优化各个神经元的权重与偏置。

2.2.2　步长

在滑动卷积核的过程中，卷积核每次滑动的行数或列数称为步长。前面所介绍的卷积计算例子的默认步长都为 1，实际上可以设置步长为其他值。如图 2-4 所示，使用 3 × 3 的卷积核对 6 × 6 的输入矩阵进行卷积，如果步长为 3，则输出为 2 × 2 的矩阵。

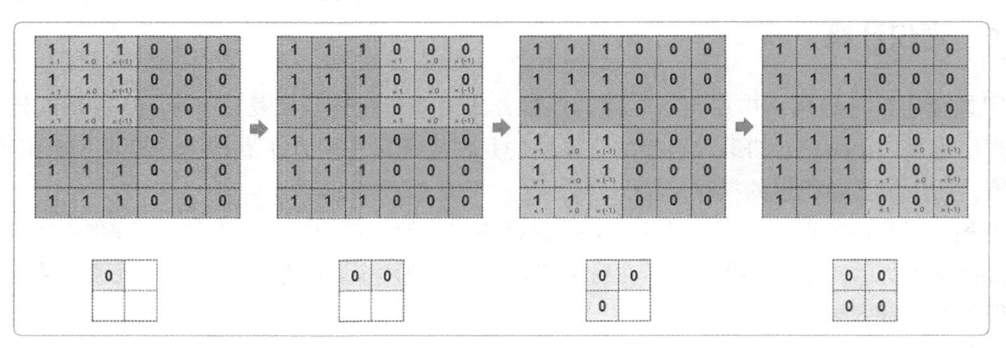

图 2-4　步长为 3 的卷积核运作的过程

2.2.3 填充

在图 2-5 所示的卷积计算的例子中，目标矩阵在经过卷积核卷积之后，矩阵中的元素变少了，从 6 × 6 的矩阵变成了 4 × 4 的矩阵。假设再进行一次卷积操作，那么目标矩阵就变成了 2 × 2 的矩阵，此时将无法继续卷积。同时相比于图像中间的点，图像边缘的点在卷积中被计算的次数相对较少，这将导致图像边缘的信息丢失。

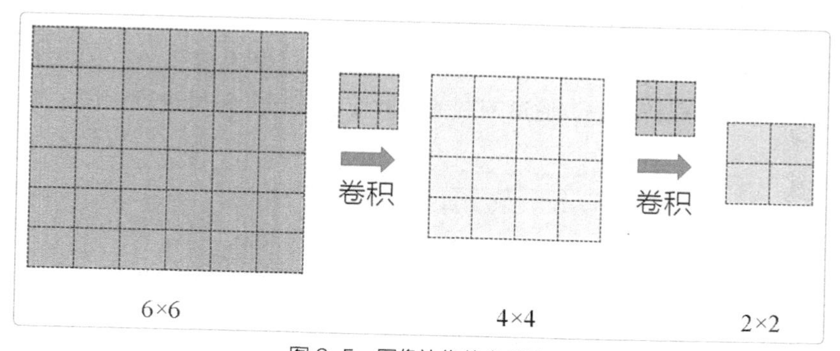

图 2-5 图像边缘信息丢失

为了避免卷积之后图像尺寸变小、丢失图像的边缘信息，可以采用填充的方法进行处理。如图 2-6 所示，每次卷积前都在矩阵外围进行填充，让卷积之后的矩阵跟原来的一样大。

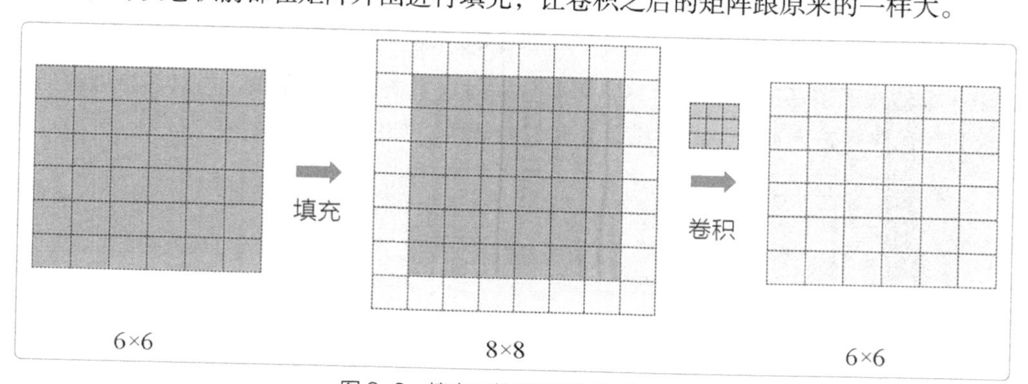

图 2-6 填充后的卷积核运作的过程

2.2.4 多通道卷积

在实际应用时，卷积计算通常是多通道进行的。例如，通常彩色图像有红、绿、蓝 3 个颜色通道，相应地，若需要对彩色图像进行卷积，就需要有 3 个通道的卷积对每个颜色通道进行特征提取。在图 2-7 中，右侧的 R、G、B 分别代表红色、绿色和蓝色。

图 2-7 图像通道

根据输入与输出环节，多通道卷积可以分为多输入通道环节与多输出通道环节。

1. 多输入通道环节

当输入数据具有多个通道时，则使用的卷积核也需要有相同数量的通道。

假设输入的图像是 3 × 3 的 RGB 图像，则输入数据的维度为 (3, 3, 3)。其中图像的类型，比如黑白或彩色，控制输入数据的第 3 个参数，在该假设中第 3 个参数“3”代表输入的图像数据有 3 个颜色通道。

如果要用 2 × 2 的卷积核进行卷积，那么卷积核的尺寸维度为 (2, 2, 3)，即卷积核的通道维度要跟输入数据的通道维度保持一致。通道控制的参数使用三角形符号进行标注，如图 2-8 所示。

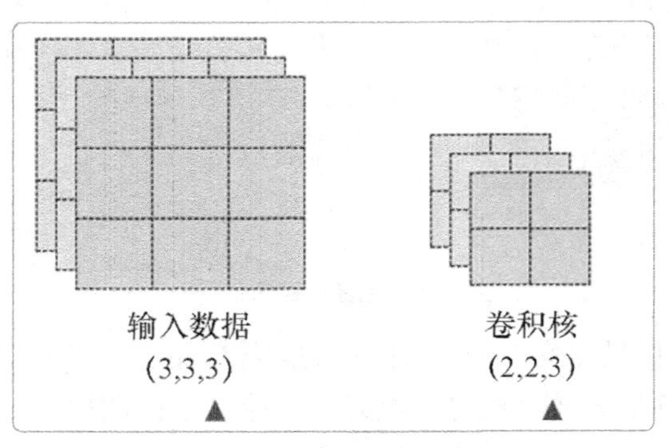

图 2-8　多通道卷积核

对于 3 个输入通道环节的卷积计算，需要分别对 3 个通道进行卷积，再对 3 个通道的特征矩阵进行求和，最终多输入通道卷积的结果还是二维矩阵，如图 2-9 所示。

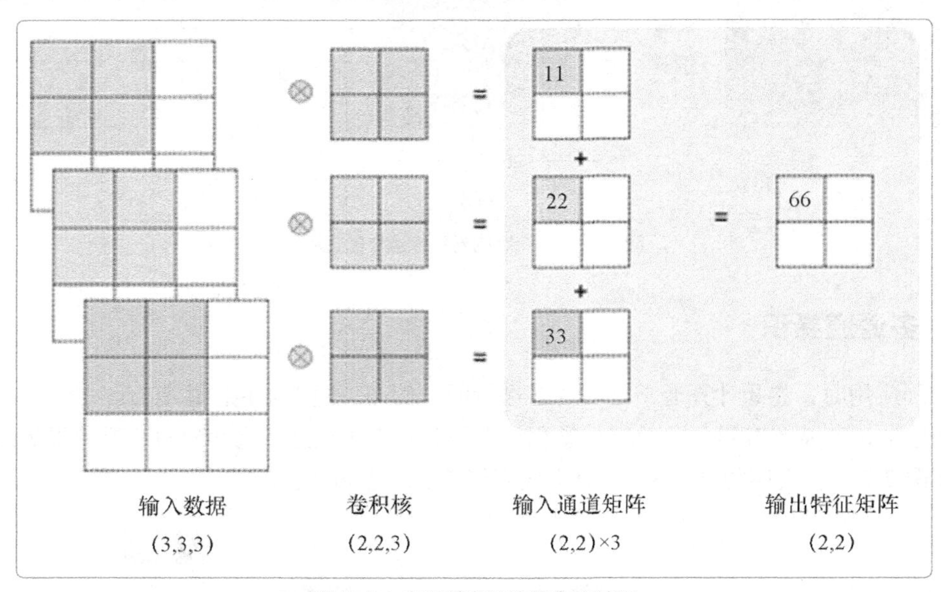

图 2-9　多通道卷积核运作的过程

2. 多输出通道环节

一般情况下，使用多个卷积核对输入的数据同时卷积会有多个输出通道。如图 2-10 所示，如果同时使用 2 个卷积核进行卷积，那么输出特征矩阵的维度则会变为 (2,2,2)。

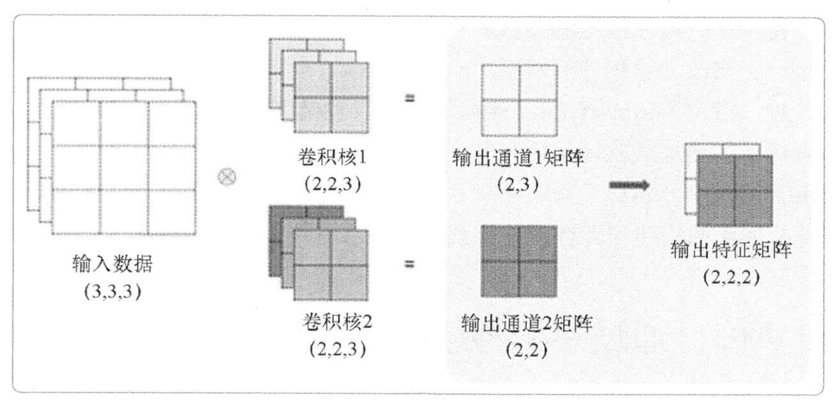

图 2-10　多卷积核的工作过程

另外，为提高卷积神经网络的非线性表达能力，往往会对各输出通道的矩阵应用 ReLU() 激活函数并添加偏置，再将其合并为输出特征矩阵。

2.3 池化层

卷积核在滑动的过程中，实际上重复计算了很多冗余的数据。为了去除这些冗余数据，可以通过池化层的池化核对数据进行池化操作，进而提取对应区域的主要特征，防止过拟合。类似于卷积核，池化核也是矩阵。根据池化方式的不同，池化可以分为最大值池化与平均值池化。

如图 2-11 所示，最大值池化采用了一个 2 × 2 的池化核，取该池化核中的最大值，并设置步长为 2，而平均值池化将会计算池化核中数据的平均值并输出。

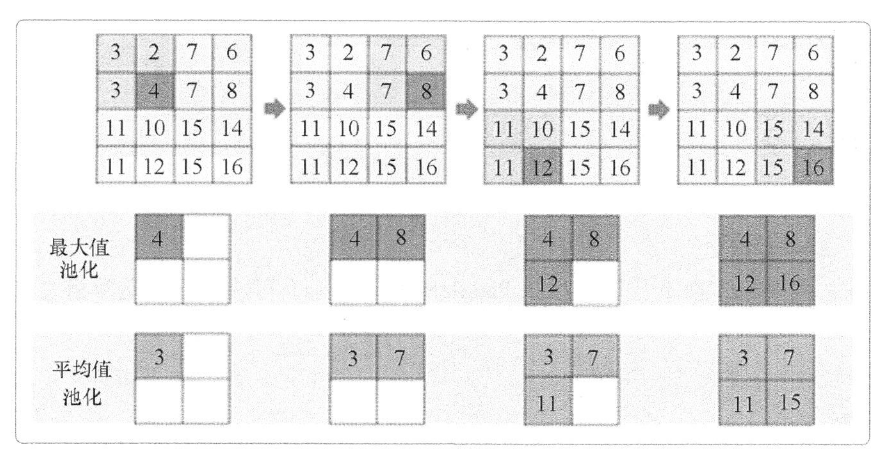

图 2-11　池化层的工作过程

2.4 如何训练卷积神经网络

卷积神经网络可以按照数据准备、模型设计、训练设置、模型训练与模型应用这 5 个步骤来完成对其的构建和训练。相比于全连接神经网络，本项目的卷积神经网络的构建和训练的前 4 个步骤有以下不同。

（1）数据准备：修改输入数据的形状。

（2）模型设计：修改为卷积神经网络。

（3）训练设置：设定 Softmax() 交叉熵函数，并设置模型验证过程。

（4）模型训练：新增加载验证集的步骤。

在后续的项目实施中，将以手写数字识别作为实践案例，基于神经网络构建和训练的 5 个步骤，完成卷积神经网络的构建与训练，并将其应用在手写数字识别应用中。

项目实施 | 通过卷积神经网络识别手写数字

2.5 实施思路

通过对知识准备内容的学习，读者应该已经了解了卷积神经网络的原理及卷积神经网络关键的组成结构，接下来将基于神经网络训练的 5 个步骤，通过卷积神经网络实现手写数字识别。本项目将通过以下 6 个步骤实施。

（1）导入相关库。

（2）数据准备。

（3）网络结构设计。

（4）训练设置。

（5）模型训练。

（6）模型应用。

2.6 实施步骤

步骤 1：导入相关库

在实验前，需要通过以下代码先加载 PaddlePaddle 及与手写数字识别模型相关的库，具体代码如下。

```
# 加载 PaddlePaddle 和相关库
import paddle
import paddle.nn.functional as F
from paddle.nn import Linear
import numpy as np
import os
import json
import random

print(paddle.__version__)
```

为了方便构建卷积神经网络，还需要从 paddle.nn 库中导入卷积与池化模块，即 Conv2D、MaxPool2D，具体代码如下。

```
# 新增卷积与池化模块
from paddle.nn import Conv2D, MaxPool2D
```

步骤 2：数据准备

在导入项目所需库后，需要对手写数字识别数据集进行处理，数据处理流程在 load_data() 函数中实现，具体代码如下。

```
def load_data(mode='train'):
    # 加载 JSON 数据文件
    with open('data/mnist.json') as f:
        data = json.load(f)

    # 将读取到的数据区分为训练集、验证集、测试集
    train_set, val_set, eval_set = data
    if mode=='train':
        # 获得训练集
        imgs, labels = train_set[0], train_set[1]
    elif mode=='valid':
        # 获得验证集
        imgs, labels = val_set[0], val_set[1]
    elif mode=='eval':
        # 获得测试集
        imgs, labels = eval_set[0], eval_set[1]
    else:
        raise Exception("mode can only be one of ['train','valid','eval']")
    print("训练数据集数量：", len(imgs))

    # 获得数据集长度
    imgs_length = len(imgs)

    # 定义数据集中每个数据的序号，根据序号读取数据
    index_list = list(range(imgs_length))
    # 读入数据时用到的批次大小
    BATCHSIZE = 100

    # 定义数据生成器
    def data_generator():
        if mode == 'train':
            # 在训练模式下打乱数据
            random.shuffle(index_list)
```

```
    imgs_list = []
    labels_list = []
    for i in index_list:
        # 将数据转换为对应格式
        img = np.array(imgs[i]).astype('float32')
        label = np.reshape(labels[i], [1]).astype('int64')
        imgs_list.append(img)
        labels_list.append(label)
        if len(imgs_list) == BATCHSIZE:
            # 获得一个 BATCHSIZE 的数据，并返回
            yield np.array(imgs_list), np.array(labels_list)
            # 清空数据读取列表
            imgs_list = []
            labels_list = []

    # 如果剩余数据的数量小于 BATCHSIZE，
    # 则剩余数据一起构成一个大小为 len(imgs_list) 的小批次数据集 mini-batch
    if len(imgs_list) > 0:
        yield np.array(imgs_list), np.array(labels_list)
return data_generator
```

以上代码将数据集中的图像数据向量 imgs[i] 作为输入数据，其维度为 1。

在本项目中，需要将数据输入卷积神经网络，而卷积神经网络的第一层为卷积层，因此需要将输入数据的形状修改成可供卷积核进行卷积的形状。

在数据集中，每个图像的二维数组通过一个长度为 784 的向量来表示。为了能被卷积，需要将其转换为长 28 像素、宽 28 像素的数字矩阵。同时在 PaddlePaddle 框架中的卷积层默认进行多通道输入。数据集中的数据对应的图像都为灰度图像，因此还需要定义图像的通道数为 1。

结合以上分析可知，需要将原始数据转换为 (28,28,1) 的输入数据。即将函数中的“img = np.array(imgs[i]).astype('float32')”修改为“img = np.reshape(imgs[i],[1,28,28]).astype('float32')”，通过 NumPy 库的 reshape() 方法修改数据的形状。

```
def load_data(mode='train'):
    # 加载 JSON 数据文件
    with open('data/mnist.json') as f:
        data = json.load(f)

    # 将读取到的数据区分为训练集、验证集、测试集
    train_set, val_set, eval_set = data
    if mode=='train':
        # 获得训练集
        imgs, labels = train_set[0], train_set[1]
    elif mode=='valid':
        # 获得验证集
```

```
        imgs, labels = val_set[0], val_set[1]
    elif mode== 'eval':
        # 获得测试集
        imgs, labels = eval_set[0], eval_set[1]
    else:
        raise Exception("mode can only be one of ['train', 'valid', 'eval']")
    print("训练集数量：", len(imgs))

    # 获得数据集长度
    imgs_length = len(imgs)

    # 定义数据集中每个数据的序号，根据序号读取数据
    index_list = list(range(imgs_length))
    # 读入数据时用到的批次大小
    BATCHSIZE = 100

    # 定义数据生成器
    def data_generator():
        if mode == 'train':
            # 在训练模式下打乱数据
            random.shuffle(index_list)
        imgs_list = []
        labels_list = []
        for i in index_list:

            # 将数据转换为对应格式
            # img = np.array(imgs[i]).astype('float32')
            img = np.reshape(imgs[i], [1, 28, 28]).astype('float32')

            label = np.reshape(labels[i], [1]).astype('int64')
            imgs_list.append(img)
            labels_list.append(label)
            if len(imgs_list) == BATCHSIZE:
                # 获得一个 BATCHSIZE 的数据，并返回
                yield np.array(imgs_list), np.array(labels_list)
                # 清空数据读取列表
                imgs_list = []
                labels_list = []

        # 如果剩余数据的数量小于 BATCHSIZE，
        # 则剩余数据一起构成一个大小为 len(imgs_list) 的 mini-batch
        if len(imgs_list) > 0:
```

```
        yield np.array(imgs_list), np.array(labels_list)
    return data_generator
```

步骤 3：网络结构设计

在项目 1“深度学习全连接神经网络应用”中，已经通过全连接神经网络实现手写数字识别案例。基于本项目的学习，可以将全连接神经网络扩展成卷积神经网络，这里选用经典的 LeNet-5 卷积神经网络，其各层设计思路如下。

- 输入层：结合步骤 2“数据准备”的说明可知，输入层的数据尺寸为 1×28×28。
- 卷积层 1：使用 6 个 5×5 的卷积核对输入数据进行卷积，设置步长为 1，不使用填充，输出数据尺寸为 6×24×24。
- 池化层 1：使用 2×2 的池化核进行最大值池化，设置步长为 2，输出数据尺寸为 6×12×12。
- 卷积层 2：使用 16 个 5×5 的卷积核对输入数据进行卷积，设置步长为 1，不使用填充，输出数据尺寸为 16×8×8。
- 池化层 2：使用 2×2 的池化核进行最大值池化，设置步长为 2，输出数据尺寸为 16×4×4。
- 全连接层 1：进行全连接，将数据输出为 1×120 的尺寸。
- 全连接层 2：进行全连接，将数据输出为 1×84 的尺寸。
- 全连接层 3：进行全连接，将数据输出为 1×10 的尺寸。

可以看到本项目所定义的卷积神经网络与全连接神经网络主要的区别便是新增了卷积层与池化层。

可以通过以下代码设计模型并定义前向计算过程。在 PaddlePaddle 框架中会自动识别输入数据的尺寸，因此仅需要设置输入通道、输出通道及卷积核等参数，具体代码如下。

```
class LeNetModel(paddle.nn.Layer):
    def __init__(self):
        super(LeNetModel, self).__init__()

        # 定义卷积层 1，设置输入通道数为 1，输出通道数为 6，卷积核的尺寸为 5×5，卷积步长为 1
        self.conv1 = paddle.nn.Conv2D(in_channels=1, out_channels=6, kernel_size=5, 
stride=1)
        # 定义池化层 1，设置池化核的尺寸为 2×2，池化步长为 2
        self.pool1 = paddle.nn.MaxPool2D(kernel_size=2, stride=2)
        # 定义卷积层 2，设置输入通道数为 6，输出通道数为 16，卷积核的尺寸为 5×5，卷积步长为 1
        self.conv2 = paddle.nn.Conv2D(in_channels=6, out_channels=16, kernel_size=5, 
stride=1)
        # 定义池化层 2，设置池化核的尺寸为 2×2，池化步长为 2
        self.pool2 = paddle.nn.MaxPool2D(kernel_size=2, stride=2)
        # 定义全连接层 1，输入维度是 256，输出维度是 120
        self.fc1=paddle.nn.Linear(256, 120)
        # 定义全连接层 2，输入维度是 120，输出维度是 84
```

```
        self.fc2=paddle.nn.Linear(120, 84)
        # 定义全连接层 3，输入维度是 84，输出维度是 10
        self.fc3=paddle.nn.Linear(84, 10)

    # 定义网络前向计算过程
    # 卷积层和全连接层的激活函数使用 ReLU()
    def forward(self, x):
        x = self.conv1(x)
        x = F.ReLU(x)
        x = self.pool1(x)
        x = self.conv2(x)
        x = F.ReLU(x)
        x = self.pool2(x)
        # 使用 flatten() 方法根据给定的 start_axis 和 stop_axis 将连续的维度“展平”
        x = paddle.flatten(x, start_axis=1, stop_axis=-1)
        x = self.fc1(x)
        x = F.ReLU(x)
        x = self.fc2(x)
        x = F.ReLU(x)
        x = self.fc3(x)
        return x
```

步骤 4：训练设置

完成网络结构设计后，便可以继续定义优化器和损失函数等。

因为在 LeNet-5网络中没有对输出结果进行归一化处理，所以可以将交叉熵函数替换为 Softmax() 交叉熵函数。Softmax() 交叉熵函数将 Softmax 操作和交叉熵损失函数的计算过程进行合并，从而提供数值更稳定的梯度值。在 PaddlePaddle 2.0 中 Softmax() 交叉熵函数为 paddle.nn.functional.softmax_with_cross_entropy()。

训练相关参数的配置如下。

- 优化器：设置使用 SGD 优化器，learning_rate 设置为 0.01。
- 迭代次数：设置迭代次数为 5。
- 训练模型：选择步骤 3 定义的卷积神经网络。
- 损失值计算函数：选择 Softmax() 交叉熵函数作为损失值计算函数。

为了验证模型训练的准确率，可以在训练过程中调用验证集进行测试，以评估模型对验证集的预测效果。

同时为了保证模型验证过程不与训练过程冲突，需要独立使用 model.eval() 方法启动模型的验证功能，并在每次迭代验证后使用 model.train() 方法让模型继续训练，具体代码如下。

```
# 定义模型训练设置
def train(model):
    model.train()
```

```
    # 使用 SGD 优化器，learning_rate 设置为 0.01
    opt = paddle.optimizer.SGD(learning_rate=0.01, parameters=model.parameters())
    # 训练 5 轮
    EPOCH_NUM = 5

    for epoch_id in range(EPOCH_NUM):
        for batch_id, data in enumerate(train_loader()):
            # 准备数据
            images, labels = data
            images = paddle.to_tensor(images)
            labels = paddle.to_tensor(labels)

            # 前向计算的过程
            predicts = model(images)

            # 计算损失，取一个批次样本损失的平均值
            #loss = F.cross_entropy(predicts, labels)
            loss = F.softmax_with_cross_entropy(predicts, labels)
            avg_loss = paddle.mean(loss)

            # 每训练 200 批次的数据，输出当前损失的情况
            if batch_id % 200 == 0:
                print( "epoch: {}, batch: {}, loss is: {}" .format(epoch_id, batch_id, avg_loss.
numpy()))

            # 后向传播，更新参数的过程
            avg_loss.backward()
            # 最小化损失，更新参数
            opt.step()
            # 清除梯度
            opt.clear_grad()

        # 模型验证
        model.eval()
        accuracies = []
        losses = []
        for batch_id, data in enumerate(valid_loader()):
            # 准备数据
            images, labels = data
            images = paddle.to_tensor(images)
            labels = paddle.to_tensor(labels)
```

```
            # 计算模型输出
            logits = model(images)
            pred = F.softmax(logits)
            # 计算损失函数
            #loss = F.cross_entropy(predicts, labels)
            loss = F.softmax_with_cross_entropy(logits, labels)
            # 计算准确率
            acc = paddle.metric.accuracy(pred, labels)
            accuracies.append(acc.numpy())

            losses.append(loss.numpy())
            print( "[validation] accuracy/loss: {}/{}" .format(np.mean(accuracies), 
np.mean(losses)))

        model.train()
```

步骤 5：模型训练

完成数据准备、网络结构设计以及训练设置后，便可进行模型训练。

首先加载手写数字识别数据集中的训练集数据，具体代码如下。

```
# 调用加载数据的函数，获得 MNIST 训练集数据
train_loader = load_data( 'train' )
```

接着加载手写数字识别数据集中的验证集数据，具体代码如下。

```
valid_loader = load_data( 'valid' )
```

接着便可以加载模型并启动训练，具体代码如下。

```
# 加载模型
model = LeNetModel()
# 启动训练
train(model)
```

步骤 6：模型应用

完成模型训练后，便可应用该模型进行手写数字预测。

首先通过以下代码保存所训练的模型。

```
# 保存模型
paddle.save(model.state_dict(), 'mnist-cnn.pdparams' )
```

在人工智能交互式在线实训及算法校验系统的 data 目录下存放了手写数字图像，可以让模型预测该图像。

当然，在模型预测前，也需要对预测图像进行数据加载与数据处理，使其转变成模型可接收的输入数据格式。

通过前面所了解的内容，我们知道输入模型的数据为一个长度为 784 的向量，且向量的每个元素的范围为 [0,1]，具体代码如下。

```
from PIL import Image
import numpy as np

# 加载指定路径下的图像
im = Image.open('data/0.jpg').convert('L')
# 将图像转化为 28×28 的格式
im = im.resize((28, 28), Image.ANTIALIAS)
# 将图像数据转化为 1×1×28×28 的 32 位浮点数
img = np.array(im).reshape(1, 1, 28, 28).astype('float32')
# 图像归一化
img = 1.0 - img / 255.
```

接着可以通过 Matplotlib 查看处理后的图像效果，具体代码如下。

```
import matplotlib.pyplot as plt

plt.figure(figsize=(2, 2))
plt.imshow(im, cmap=plt.cm.binary)
plt.show()
```


输出图像如图 2-12 所示。

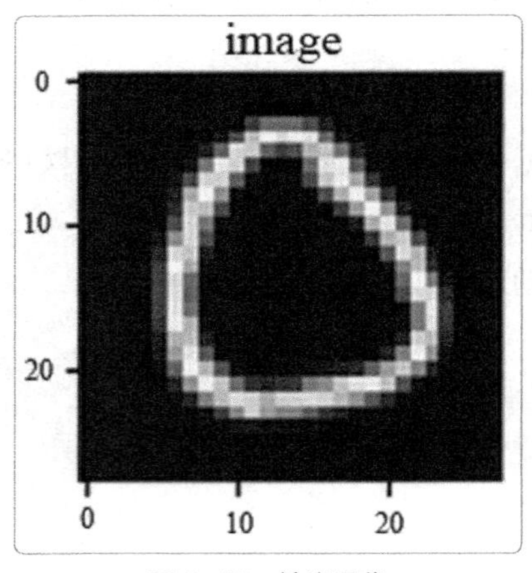

图 2-12　输出图像

可以看到原始图像的信息为“0”，接着便将处理完成的数据输入模型进行预测，具体代码如下。

```
# 定义预测过程
model = LeNetModel()

# 加载模型参数
params_file_path = 'mnist-cnn.pdparams'
param_dict = paddle.load(params_file_path)
model.load_dict(param_dict)
```

```
# 输入数据
model.eval()
tensor_img = img
# 模型反馈 10 个类别标签的对应概率
results = model(paddle.to_tensor(tensor_img))
# 取概率最大的标签作为预测输出
lab = np.argsort(results.numpy())
print( "本次预测的数字是：", lab[0][-1])
```

知识拓展

本项目的项目实施中介绍了卷积神经网络经过不断训练，最终能够分类不同的数字图像，而其训练的重点就是更新卷积层中各个卷积核的元素，使得卷积核可以提取图像的对应特征。对于不同层次的卷积，所提取的特征类型是不相同的，不同层次的卷积对应的特征类型如表 2-1 所示。

表2-1　不同层次的卷积对应的特征类型

卷积层次	特征类型
浅层卷积	边缘特征
中层卷积	局部特征
深层卷积	全局特征

卷积核及其对应的作用如表 2-2 所示。

表2-2　卷积核及其对应的作用

卷积核	卷积作用
$\begin{bmatrix} 0 & 0 & 0 \\ 0 & 1 & 0 \\ 0 & 0 & 0 \end{bmatrix}$	输出原图
$\begin{bmatrix} 1 & 0 & -1 \\ 1 & 0 & -1 \\ 1 & 0 & -1 \end{bmatrix}$	边缘检测（突出边缘差异）
$\begin{bmatrix} -1 & -1 & -1 \\ -1 & -8 & -1 \\ -1 & -1 & -1 \end{bmatrix}$	边缘检测（突出中间值）

课后实训

（1）为什么计算机视觉任务优先考虑使用卷积神经网络？（　　）【单选题】

A. 全连接神经网络完全不能处理计算机视觉任务

B. 全连接神经网络在处理计算机视觉任务时计算量很大

C. 全连接神经网络在处理计算机视觉任务时会出现维数灾难现象，而卷积神经网络可以改善这一现象

D. 卷积神经网络只能处理计算机视觉任务

（2）卷积神经网络处理图像分类任务时通常不包含（　　）。【单选题】

A. 卷积操作　　B. 池化操作

C. 全连接层　　D. 均方误差损失函数

（3）卷积运算过程正确的顺序是（　　）。【单选题】

① 对应位置求乘积　② 所有位置求和　③ 输出一个位置的结果　④ 滑动卷积核

A. ①②③④　　B. ①④②③

C. ②③①④　　D. ④③①②

（4）卷积核与特征图的通道数的关系是（　　）。【单选题】

A. 卷积核数量越多，特征图通道数越少

B. 卷积核尺寸越大，特征图通道数越多

C. 卷积核数量越多，特征图通道数越多

D. 二者没有关系

（5）已知有一个 32×32 的特征图，经过步长为 1、尺寸为 3×3 的卷积核卷积后，其输出结果的尺寸为（　　）。【单选题】

A. 32×32　　B. 31×31

C. 30×30　　D. 28×28

项目 3 深度学习模型训练——循环神经网络应用

03

在实际的生产生活中，我们会遇到很多序列数据。所谓序列数据，即指该数据具有时间序列性，或者说某一条数据与该数据的前、后一条数据有关系。比如在自然语言处理问题中，一句话中的每个字都是有序的，如果这些字是无序的，将很难理解这一句话的含义；在语音识别问题中，一段话中每一帧的声音信号也是有序的。

计算机在理解序列数据时，通过单一数据并不能理解整体数据的意思，通常需要处理全部数据连接成的整个序列。为了能够更好地处理序列数据，循环神经网络应运而生。

项目目标

（1）熟悉循环神经网络的常见类型。
（2）了解循环神经网络的基本结构。
（3）掌握SimpleRNN的搭建方法。
（4）掌握循环神经网络的构建与训练方法。
（5）能够基于时序数据的预测案例搭建循环神经网络。

项目描述

循环神经网络是一类处理序列数据的神经网络，它可以对任意长度的序列数据进行建模。而原始的神经网络如全连接神经网络，要求输入数据的长度是固定、已知的，因此其无法像循环神经网络一样灵活地处理序列数据的模型。

结合以上问题，本项目将对循环神经网络进行详细的介绍，因为它不仅能关注数据本身，还能考虑到数据前后的顺序关系，循环神经网络对序列数据的理解能力比卷积神经网络更强。

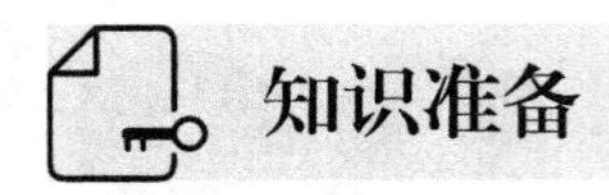

知识准备

3.1 循环神经网络的常见类型

循环神经网络（Recurrent Neural Network，RNN）具有短期记忆能力，具体的表现为它会将当前计算的输出应用于下一步的输入中，即隐藏层的输入不仅包括输入层的输出，还包括上一时刻隐藏层的输出。

循环神经网络结构的常见类型主要有以下两种。

- 长短期记忆（Long Short-Term Memory，LSTM）网络。长短期记忆网络的长期记忆能力与短期记忆能力并存，在图像处理、自然语言处理中的使用较广泛。
- 门控循环单元（Gate Recurrent Unit，GRU）。门控循环单元是在长短期记忆网络的基础上进行简化得到的，常用于自然语言处理。

本项目将主要介绍循环神经网络的结构特征。

3.2 循环神经网络的基本结构

循环神经网络是一种使用序列数据作为网络输入的人工神经网络。循环神经网络这类深度学习网络通常用于解决具有顺序性特征的问题，如自然语言处理、语言翻译和语音识别。循环神经网络的实际应用非常广泛，如 Siri、语音搜索和谷歌翻译等。其简单的结构如图 3-1 所示。

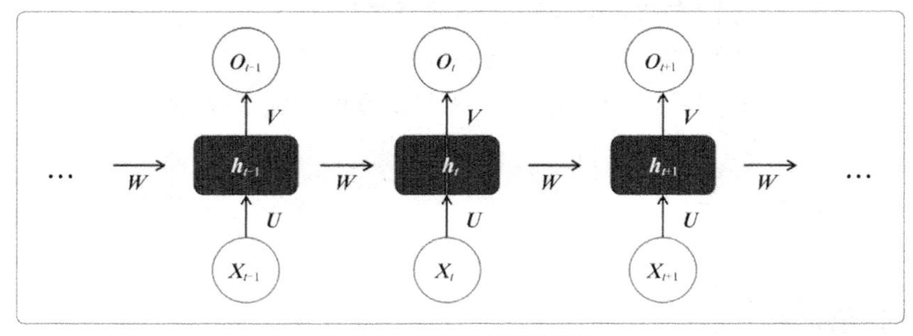

图 3-1　循环神经网络结构

其中 $\boldsymbol{X}$ 是一个向量，表示输入网络中的数据，$\boldsymbol{U}$ 是输入层到隐藏层的权重矩阵。$\boldsymbol{O}$ 是当前步骤的输出。$\boldsymbol{h}_t$ 是当前时刻隐藏层的状态，可以通过当前输入的 $\boldsymbol{X}$ 和上一步隐藏层的状态值 $\boldsymbol{h}_{t-1}$ 计算得到。

图 3-1 中的 $\boldsymbol{V}$、$\boldsymbol{W}$、$\boldsymbol{U}$ 都是网络中需要被训练的参数，这些参数用于控制模型的输出。对参数进行随机初始化后，需要依赖反向传播算法来不断更新这些参数，以得到最终的循环神经网络模型。

从图 3-1 中可以看出，循环神经网络的循环之处在于其将上一时刻隐藏层的状态值 $\boldsymbol{h}_{t-1}$ 和 t 时刻的数据输入 $\boldsymbol{X}_t$ 作为模型 t 时刻的输入。这种结构设计使得循环神经网络可以接收任意长度的序列数据，可以将 t 时刻以前的信息保留下来，使模型具有更好的表达能力。此外，循环神经网络相比于原始神经网络还有一大优点，那就是参数共享。也就是在每一个时间步中，计算中隐藏层输出 $\boldsymbol{h}_t$ 和标签输出 $\boldsymbol{O}_t$ 时使用的都是同一组 $\boldsymbol{V}$、$\boldsymbol{W}$、$\boldsymbol{U}$ 参数，这使得网络中需要训练的参数量大大减少，节省了大量计算开销。

将图 3-1 所示的网络结构“折叠”起来，可以看到其实循环神经网络只有一个简单结构，如图 3-2 所示。

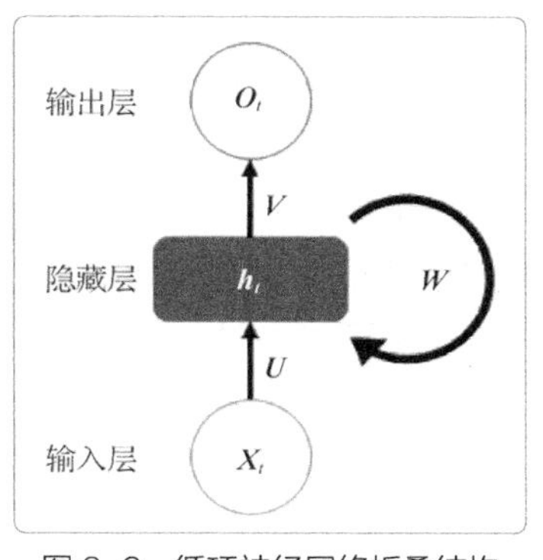

图 3-2　循环神经网络折叠结构

从图 3-2 可以看出循环神经网络由一个单元组成，该单元具有输入层、隐藏层和输出层，其中隐藏层能接收来自上一个数据的隐藏层输出的结果 $\boldsymbol{h}_{t-1}$ 和输入层数据 $\boldsymbol{X}_t$。下面将从输入层、隐藏层及输出层数据流的计算过程的角度分别讲述循环神经网络的结构。

3.2.1　输入层

假设给定一个输入序列［$x_1,x_2,x_3,\cdots,x_T$］，该序列为一串数字化的文本、音频等，将其输入循环神经网络。由于循环神经网络由一个单元组成，一次只能输入一个单词、一个音符或者一句话，因此输入序列［$x_1,x_2,x_3,\cdots,x_T$］将按照顺序依次输入循环神经网络。输入顺序可以表示文本数据的文字顺序，也可以表示为时间序列的时间步。所谓时间步，可以理解为循环神经网络中的一个重复的网络单元，即图 3-2 所示的结构。

3.2.2　隐藏层

在隐藏层仅靠线性加权来计算 $\boldsymbol{h}_{t-1}$ 和 $\boldsymbol{X}_t$ 是不够的，通常还要通过非线性函数对数据进行非线性变化，使模型能够对复杂数据进行学习和表示。因此在隐藏层通常会使用 Tanh() 或 ReLU() 等非线性函数输出激活值。

将数据根据序列顺序依次输入网络进行计算。假设在时刻 t，网络的输入为 $\boldsymbol{X}_t$，上一个时间步的状态值为 $\boldsymbol{h}_{t-1}$，可计算得到 t 时刻的状态值如下。

$$\boldsymbol{h}_t = f(\boldsymbol{U}\boldsymbol{h}_{t-1}+\boldsymbol{W}\boldsymbol{x}_t + b_h)$$

其中 $f()$ 为激活函数，$\boldsymbol{U}$ 为状态 - 状态权重矩阵，$\boldsymbol{W}$ 为状态 - 输入矩阵，b_h 为偏置。

3.2.3　输出层

获取状态值 $\boldsymbol{h}_t$ 后，通过下列公式进行计算可获得输出值 $\boldsymbol{O}_t$。

$$\boldsymbol{O}_t = f(\boldsymbol{V}\boldsymbol{h}_t + b_O)$$

其中 $f()$ 为激活函数，$\boldsymbol{V}$ 为状态 - 输出矩阵，b_O 为偏置。

当前层的激活值与上一层的激活值有关，而上一层的激活值又与上上一层的激活值有关，以此类推。这种层与层之间的依赖关系，使得循环神经网络具有了一定的记忆功能，它能关注到输入的数据之间的顺序关系。

3.3 简单循环神经网络——SimpleRNN

PaddlePaddle 中提供一种构建简单循环神经网络的方法——SimpleRNN，SimpleRNN 可以根据输入序列和给定的初始状态，计算并返回输出序列和最终状态。在该网络中，每一层对应时间步输入的数据，每个时间步根据当前时刻输入 $\boldsymbol{X}_t$ 和上一时刻的状态值 $\boldsymbol{h}_{t-1}$，计算当前时刻的输出（记为 $\boldsymbol{y}_t$）并更新状态值 $\boldsymbol{h}_t$。

可以在 PaddlePaddle 中调用 paddle.nn.SimpleRNN() 方法，以使用 SimpleRNN，调用方式如下。

```
paddle.nn.SimpleRNN( input_size, hidden_size, num_layers=1, activation= 'tanh' )
```

paddle.nn.SimpleRNN() 方法的参数如下。

- input_size：输入的维度。
- hidden_size：隐藏层神经元数量。
- num_layers：可选，网络层数，默认值为 1。
- activation：可选，网络中每个单元的激活函数，可以是 Tanh() 或 ReLU()，默认值为 tanh。

paddle.nn.SimpleRNN() 方法的输入数据的 Tensor 形状为 [batch_size, time_steps, input_size]，即 [批处理数量 , 序列长度 , 输入数据维度]。

paddle.nn.SimpleRNN() 方法的输出结果有两组数据，分别为 outputs 与 final_states。

- outputs：输出，由前向和后向 cell 的输出拼接得到。如果 time_major 为 False，默认情况下张量 Tensor 的形状为 [batch_size, time_steps, hidden_size]，即 [批处理数量 , 序列长度 , 隐藏层神经元数量]。
- final_states：最终状态，默认情况下 Tensor 的形状为 [num_layers, batch_size, hidden_size]。其中，num_layers 是循环神经网络的层数，batch_size 是批处理数量，hidden_size 是隐藏层神经元数量。

以下代码展示了 paddle.nn.SimpleRNN() 的数据处理流程。

```
import paddle

# 数据准备
# 定义输入数据，定义形状为 [50, 100, 1] 的随机数组，对应 batch_size = 50、time_steps =
100、input_size = 1
x = paddle.randn((50, 100, 1))

# 模型定义
# 定义 SimpleRNN，输入维度为 1，隐藏层具有 32 个神经元，网络层数为 2
rnn = paddle.nn.SimpleRNN(1, 32, 2)

# 模型计算
# 输入数据至循环神经网络模型，获得输出数据
y, h = rnn(x)
```

```
# 查看输出数据的形状
print(y.shape)
print(h.shape)
```

输出结果如下。

```
[50, 100, 32]
[2, 50, 32]
```

从结果可以看到，输出数据的批处理数量和序列长度与输入数据一致，而输出数据的大小与隐藏层神经元数量一致。

3.4 循环神经网络的构建与训练方法

对于循环神经网络，可以按照数据准备、模型设计、训练配置、模型训练与模型应用这 5 个步骤来完成循环神经网络的构建和训练。

- 数据准备：将数据修改为时序数据。
- 模型设计：引入 SimpleRNN，将模型修改为循环神经网络。
- 训练配置：设定均方误差函数，并设置 Adam 优化器。
- 模型训练：在训练过程中绘制拟合结果和预测结果。
- 模型应用：重复预测下一时间步的数据，并整合下一时间段的预测结果。

在后续的项目实施中，将以时序数据预测作为实践案例，基于循环神经网络构建和训练的 5 个步骤，完成循环神经网络的构建与训练，并将其应用在时序数据预测应用中。

项目实施 | 通过循环神经网络预测时序数据

3.5 实施思路

通过对知识准备内容的学习，读者应该已经了解了循环神经网络的原理以及其中关键的组成结构。接下来，将基于循环神经网络训练的 5 个步骤，通过循环神经网络实现时序数据预测。本项目将从以下 6 个步骤进行实施。

（1）导入项目所需库。

（2）数据准备。

（3）设计循环神经网络结构。

（4）配置循环神经网络参数。

（5）训练循环神经网络模型。

（6）应用循环神经网络模型。

3.6 实施步骤

步骤 1：导入项目所需库

在实验前，需要先通过以下代码加载 PaddlePaddle 和相关库。

```
# 加载 PaddlePaddle 和相关库
import paddle
import numpy as np
import matplotlib.pyplot as plt

print(paddle.__version__)
```

步骤 2：数据准备

为体现循环神经网络模型的效果，本项目将生成基于正弦函数的序列数据以供循环神经网络模型预测。

通过以下代码生成 600 个值为 0 ～ 60 的数据点，并用 NumPy 库的 sin() 函数生成数据集。

```
# 生成 600 个数据点
data_points = np.linspace(0, 60, 600)
# 使用 sin() 函数生成数据集
dataset = np.sin(data_points)
```

调用用于科学画图的 Matplotlib 库画出所生成数据集的形状，也就是本项目希望循环神经网络学习到的趋势，具体代码如下。

```
plt.plot(dataset) # 画出数据集的形状
```

输出结果如图 3-3 所示。

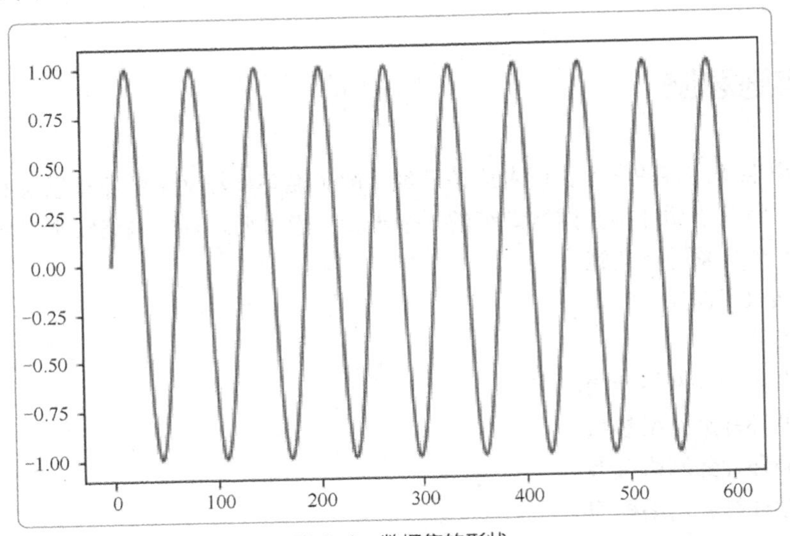

图 3-3 数据集的形状

为了能够输入 SimpleRNN，还需要将数据集的形状转换为［batch_size, time_steps, input_size］，即［批处理数量，序列数量，输入数据的维度］。本项目定义批处理数量 batch_size 为 50，序列数量 time_steps 为 100，输入数据的维度 input_size 为 1。

同时还需要准备下一时刻的数据作为目标数据，因此本项目以 dataset 数据集中序号为 0 ～ 500 的数据作为输入数据 dataX，以序号为 1~501 的数据作为目标数据 dataY。

最终可以通过以下代码完成输入数据 dataX 与目标数据 dataY 的生成。

```
time_steps = 100 # batch_size 代表训练一次用多少数据
input_size = 1 # 输入的维度

# 将数据转换成训练模型所需要的数据格式
dataX, dataY = [], []
for i in range(500):
    x = dataset[i]
    y = dataset[i+1]
    dataX.append(x)
    dataY.append(y)
dataX, dataY =  np.array(dataX), np.array(dataY)
dataX = np.reshape(dataX, (-1, time_steps, input_size))   # 得到输入数据集
dataY = np.reshape(dataY, (-1, time_steps, input_size))   # 得到目标数据集

# 查看数据集形状
print(dataX.shape)
print(dataY.shape)
```

输出结果如下。

```
(5, 100, 1)
(5, 100, 1)
```

从输出结果可以看到，输入数据集与目标数据集被分为了 5 个批次，每个批次具有 100 个序列数据，每个序列数据对应 1 个数值。

最后，还需要将数据转换为 PaddlePaddle 需要的 Tensor 格式，这样才能将数据输入由 PaddlePaddle 构建的循环神经网络。

```
dataX = paddle.to_tensor(dataX, dtype= 'float32' )
dataY = paddle.to_tensor(dataY, dtype= 'float32' )
```

步骤 3：设计循环神经网络结构

为了识别序列数据，本项目需要构建一个简单的循环神经网络。在知识准备中我们知道了 SimpleRNN 的输出维度与隐藏层的神经元个数有关，而最终的输出维度应该为 1，与输入数据相同。因此还需要利用全连接层使最后的输出维度为 1。

该循环神经网络的定义代码如下。

```
class rnn(paddle.nn.Layer):
    def __init__(self):
```

```
        super(rnn, self).__init__()
        # 定义 SimpleRNN，输入维度为 1，隐藏层具有 128 个神经元，网络层数为 2，激活函数为
ReLU() 函数
        self.rnn = paddle.nn.SimpleRNN(1, 128, 2, activation = "ReLU" )
        # 定义全连接层，输入维度为 128，输出维度为 1
        self.fc = paddle.nn.Linear(in_features=128, out_features=1)
    def forward(self, x):
        x, h=self.rnn(x)
        x=self.fc(x)
        return x
```

接下来可以直接将输入数据输入所定义的循环神经网络，查看其拟合的结果，具体代码如下。

```
# 获取循环神经网络
model = rnn()
# 输入数据并获得输出结果
out = model(dataX)
# 将输出结果转换为一维数据并绘制出对应图形
data = np.reshape(out, (-1, ))
plt.plot(data)
```


输出结果如图 3-4 所示。

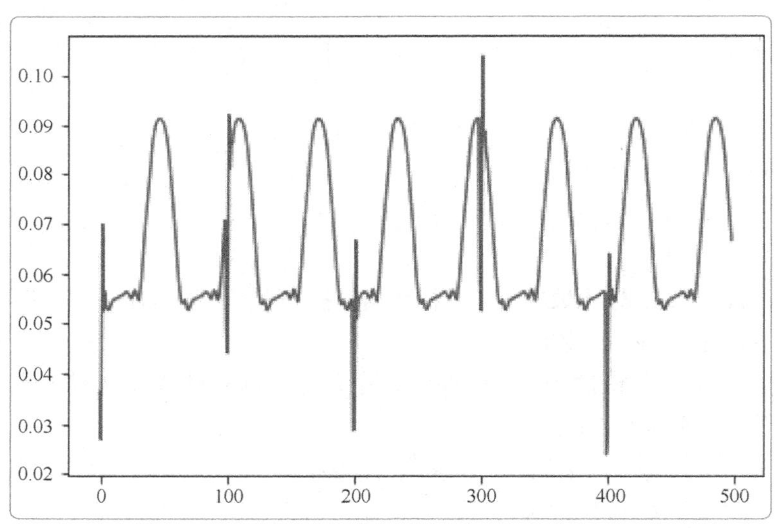

图 3-4　拟合结果

从图 3-4 中可以看到，经过循环神经网络计算得出的结果大致保留着原先数据的趋势，即 sin() 函数的形状。但其结果范围与目标数据不一致，同时有较多的振荡，因此需要对该模型进行进一步的迭代训练，使之学习该序列数据集。

步骤 4：配置循环神经网络参数

完成循环神经网络的结构设计后，继续定义优化器和损失函数等。由于需要比较预测数据与目标数据的差值，因此所选取的损失值计算函数为均方误差函数。

训练过程相关参数的配置如下。

- 迭代次数：设置迭代次数为 600。
- 学习率：设置学习率为 0.0001。
- 加载模型：选择步骤 3 定义的循环神经网络。
- 损失值计算函数：选择均方误差函数作为损失值计算函数。
- 优化器：设置使用 Adam 优化器。

具体实现方式可参考以下代码。

```
# 定义迭代次数
n_iterations = 600

# 定义学习率
learning_rate = 0.0001

# 获取循环神经网络
model=rnn()

# 设置优化器、学习率，并将模型参数提供给优化器
opt = paddle.optimizer.Adam(learning_rate=learning_rate, parameters=model.
parameters())

# 设置损失函数为均方误差函数
mse_loss = paddle.nn.MSELoss()
```

步骤 5：训练循环神经网络模型

完成模型设计与训练配置后，便可根据迭代次数依次进行模型训练，并分别绘制拟合结果。因为目标数据为下一时间步的数据，所以拟合结果的最后一个值即下一时间步的值，可以重复进行多次时间步的拟合，这样便能得到下一时间段的预测结果。具体代码如下。

```
for iteration in range(n_iterations):
    # 获取批数据
    X_batch, Y_batch = dataX, dataY
    # 将数据输入至模型，得到输出预测结果
    out = model(X_batch)
    # 计算均方误差
    avg_loss = mse_loss(out, Y_batch)
    # 根据误差优化模型参数
    avg_loss.backward()
    opt.step()
    opt.clear_grad()
    if (iteration+1) % 100 == 0: # 每迭代 100 次输出预测结果，查看训练情况
        # 查看均方误差值
        print(iteration, "\t MSE" , avg_loss)
```

```
    # 将预测结果展开成一维的
    prediction = np.reshape(out, (-1, ))
    # 根据拟合情况画图
    plt.plot(prediction)
    plt.title('After {} training, fitting result'.format(iteration))
    plt.show()

    # 对数据进行预测
    num_batches = X_batch.shape[0]
    sequence = X_batch[num_batches-1, :, 0].numpy().tolist()  # 取最后一个批次的数据并转换为列表

    prediction_iter = 100 # 想要预测的长度
    for iteration in range(prediction_iter):
        x_batch = np.array(sequence[-time_steps:]).reshape(1, time_steps, 1) # 输入值
        x_batch = paddle.to_tensor(x_batch, dtype='float32')
        y_pred = model(x_batch) # 预测值
        # 取出输出结果的最后一个值（下一时间步的数值）并将其加入列表
        sequence.append(y_pred.numpy()[0, -1, 0])

    # 根据预测情况画图
    plt.plot(sequence[-prediction_iter:])
    plt.title('prediction'.format(iteration))
    plt.show()
```

输出结果如图 3-5 所示。

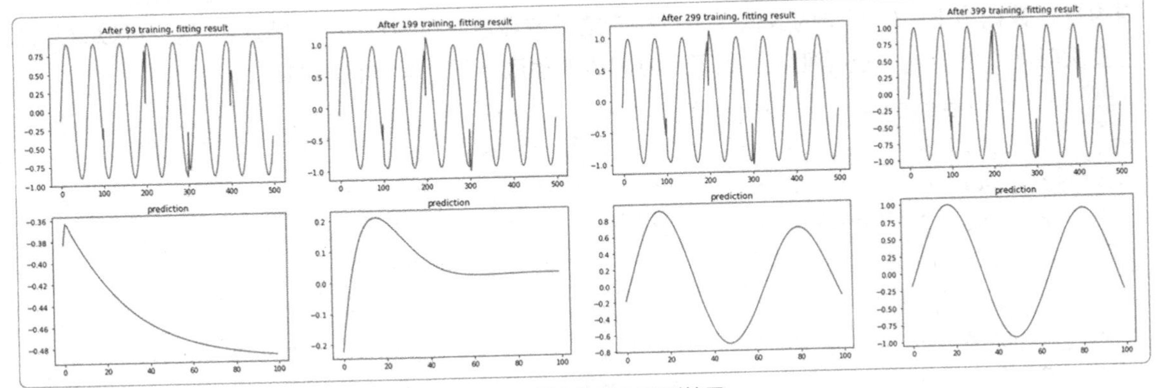

图 3-5　拟合结果与预测结果

从图 3-5 可以看出循环神经网络所预测的结果越来越接近正弦函数的图像。

步骤 6：应用循环神经网络模型

完成模型训练后，便可以利用该模型进行正弦函数数据预测。

首先通过以下代码保存所训练的模型。

```
# 保存模型
paddle.save(model.state_dict(), 'rnn.pdparams')
```

接着便可以加载该模型，并定义预测长度，对指定输入数据预测下一时间段的数据。这里输出 500 个时间步的预测结果，具体代码如下。

```
# 定义预测过程
model = rnn()

# 加载模型参数
params_file_path = 'rnn.pdparams'
param_dict = paddle.load(params_file_path)
model.load_dict(param_dict)

# 对数据进行预测
num_batches = dataX.shape[0]
sequence = dataX[num_batches-1, :, 0].numpy().tolist() # 取最后一个批次的数据并转换为列表

prediction_iter = 500 # 想要预测的长度
for iteration in range(prediction_iter):
    x_batch = np.array(sequence[-time_steps:]).reshape(1, time_steps, 1) # 输入值
    x_batch = paddle.to_tensor(x_batch, dtype='float32')
    y_pred = model(x_batch) # 预测值
    # 取出输出结果的最后一个值（下一时间步的数值）并将其加入列表
    sequence.append(y_pred.numpy()[0, -1, 0])

# 根据预测情况画图
plt.plot(sequence[-prediction_iter:])
plt.title('预测结果'.format(iteration))
plt.show()
```

预测结果如图 3-6 所示。

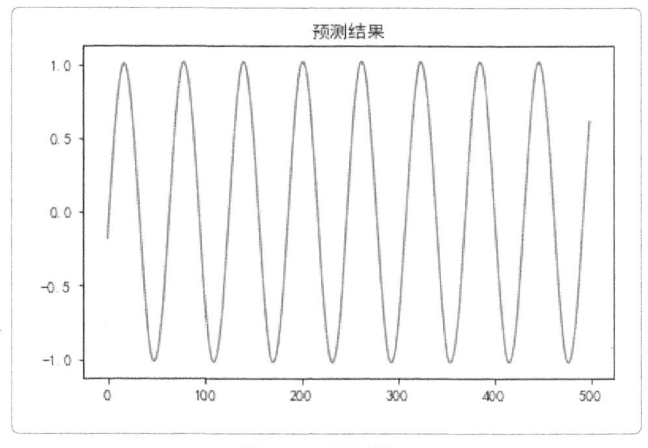

图 3-6　预测结果

知识拓展

从循环神经网络结构中可以发现，如果去掉 t 时刻前的输出，只保留最终的输出 $\boldsymbol{O}_t$，那么循环神经网络就可以用于分类任务，示例任务如下。

- 图像分类任务，将图像按像素展开成一组序列数据，最终输出的是图像属于的类别。
- 情感分析任务，将一段文字作为序列数据输入循环神经网络，最终输出的是这段文字对应的情感信息。

此外，循环神经网络还可以用于由图像生成文字等任务，即输入的 $\boldsymbol{X}$ 是图像数据，而输出的是一组文字序列。

课后实训

（1）下面哪个选项的任务一般不用循环神经网络实现？（　　）【单选题】

A．自然语言处理　　B．时间序列任务

C．语音识别　　D．计算机视觉任务

（2）循环神经网络的特点不包括以下哪一项？（　　）【单选题】

A．对输入数据的数量不做要求　　B．考虑时间的序列性

C．输入的维度要求一定　　D．以上均正确

（3）在循环神经网络中，有（　　）个输入用于计算输出。【单选题】

A．1　　B．2

C．3　　D．以上都不对

（4）现有一个任务，需要模型处理时序数据并具有长期记忆的特性，则应该选用（　　）。【单选题】

A．RNN　　B．BRNN

C．GRU　　D．B、C 均正确

（5）下面哪一种网络结构不属于循环神经网络？（　　）【单选题】

A．LSTM　　B．GRU

C．CNN　　D．Simple RNN

第2篇 计算机视觉模型应用

通过对第1篇“深度学习模型训练”的学习，读者应该已经了解了全连接神经网络、卷积神经网络以及循环神经网络的基本概念及原理，并能够使用相应的方法搭建相关的神经网络。本篇将基于PaddleX实现计算机视觉模型的应用，带领读者学习计算机视觉模型应用的相关知识，并使读者通过项目实施熟练掌握计算机视觉模型的数据准备、模型训练与应用以及模型部署的方法，最终实现计算机视觉模型的应用。

项目 4 计算机视觉模型数据准备

04

成功搭建人工智能和深度学习模型需要3个方面的前提条件，即数据、算法和计算。设计合适的算法是搭建深度学习模型过程的一部分，而搭建模型真正的基础是需要通过质量优良的数据来奠定的。从构建简单的算法到手写数字识别、鸢尾花分类等基于人工智能的大规模“技术革命”，都需要正确格式的数据来支撑。在准备完数据后，需要经过数据清洗、数据标注和数据增强等操作才能使数据成为正确、有效、宝贵的资源。数据准备指的是，采集到的原始数据经过预处理，使之成为可以用于方便、准确地进行分析的数据的操作。

项目目标

（1）了解常见的计算机视觉数据集及格式。
（2）掌握图像分类数据集加载的方法。
（3）掌握图像分类数据处理的方法。

项目描述

本项目将介绍在人工智能交互式在线实训及算法校验系统上使用垃圾分类数据集，查看数据集文件结构，并将数据集拆分为训练集和测试集。由于 PaddleX 的 API 极其适应 ImageNet 格式的数据集，因此可以将数据集转化为 ImageNet 格式，然后使用 PaddleX 定义数据预处理模块，并使用 PaddleX 对数据集进行加载，用于后续模型的训练。准备垃圾分类数据集的流程如图 4-1 所示。

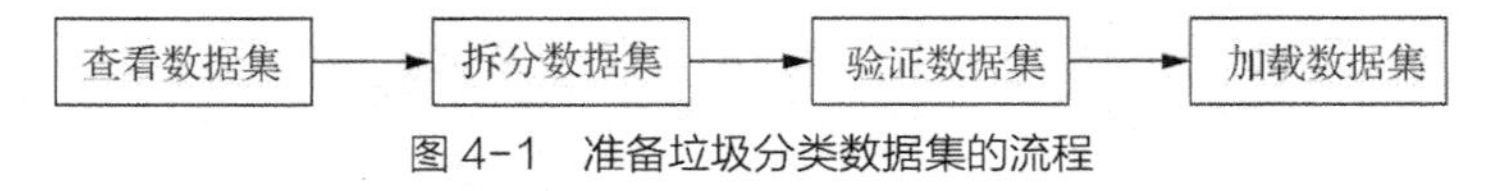

图 4-1　准备垃圾分类数据集的流程

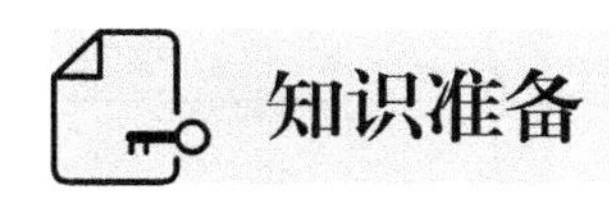

4.1 常见的计算机视觉数据集及格式

数据集中通常包含训练集、验证集、测试集以及对应的标签等文件，数据集的格式指的是这些文件的存放方式。目前有许多用于读取常见数据集的接口，因此在准备数据集时，使用与常见数据集相同的格式，可以直接调用已有的接口，方便读取数据集。

常见的计算机视觉数据集有 CIFAR-10 数据集、CIFAR-100 数据集、ImageNet 数据集、MS COCO 数据集以及 PASCAL VOC 数据集等，以下为各数据集的详细介绍。

4.1.1 CIFAR-10、CIFAR-100 数据集

在项目 1“深度学习全连接神经网络应用”的项目实施中用到了 MNIST 数据集，该数据集对刚入门的开发者很友好，但其数据只有灰度图像，而且数据类别少，只有手写数字，缺乏真实世界的物体对应的数据，因此具有局限性。

于是，CIFAR-10 被适时地整理出来。该数据集共有 60000 个彩色图像，分为 10 个不同的类，每类包含 6000 个图像。数据集中包含由 50000 个图像数据组成的训练集，和由 10000 个图像数据组成的测试集。CIFAR-10 数据集格式为文件中包含 5 个训练集文件“data_batch_1”“data_batch_2”“data_batch_3”“data_batch_4”“data_batch_5”和测试集文件“test_batch”。CIFAR-10 数据集的图像具备以下特点。

（1）都是真实拍摄的图像。

（2）图像中有且只有一个主体目标。

（3）图像中的主体目标可能会被遮挡，但仍可被清晰辨识。

CIFAR-100 数据集包含 100 个小类，每个小类包含 600 个图像，每个小类中包含由 500 个图像数据组成的训练集和由 100 个图像数据组成的测试集。与 CIFAR-10 不同的是，100 个小类被分为 20 个大类，而每个大类又可以细分为 5 个子类。因此数据集中的每个图像数据都带有 2 个标签，即 1 个大类标签（如“水生哺乳动物”）和 1 个小类标签（如“海豚”）。CIFAR-100 数据集的格式与 CIFAR-10 的相同，主要区别在于类别数与对应类别的数据量不同。表 4-1 所示为 CIFAR-100 数据集的类别。

表4-1　CIFAR-100数据集的类别

大类	小类
水生哺乳动物	河狸、海豚、水獭、海豹、鲸
鱼	观赏鱼、比目鱼、魟鱼、鲨鱼、鳟鱼
花卉	兰花、虞美人、玫瑰、向日葵、郁金香
食品容器	瓶子、碗、罐子、杯子、盘子

续表

大类	小类
水果和蔬菜	苹果、蘑菇、橘子、梨、甜椒
家用电器	时钟、计算机键盘、台灯、电话机、电视机
家用家具	床、椅子、沙发、桌子、衣柜
昆虫	蜜蜂、甲虫、蝴蝶、毛虫、蟑螂
大型食肉动物	熊、豹、狮子、老虎、狼
大型人造建筑	桥、城堡、房子、路、摩天大楼
大自然的户外场景	云、森林、山、平原、海
大型杂食动物和食草动物	骆驼、牛、黑猩猩、大象、袋鼠
中型哺乳动物	狐狸、豪猪、负鼠、浣熊、臭鼬
非昆虫无脊椎动物	螃蟹、龙虾、蜗牛、蜘蛛、蠕虫
人	婴儿、男孩、女孩、男人、女人
爬行动物	鳄鱼、恐龙、蜥蜴、蛇、乌龟
小型哺乳动物	仓鼠、老鼠、兔子、鼩鼱、松鼠
树木	枫树、橡树、棕榈树、松树、柳树
交通及其他工具 1	自行车、公共汽车、摩托车、皮卡车、火车
交通及其他工具 2	割草机、火箭、有轨电车、坦克、拖拉机

4.1.2 ImageNet 数据集

MNIST 数据集将初学者领入了深度学习领域，而 ImageNet 数据集对深度学习的发展起到了巨大的推动作用。ImageNet 数据集是一个大型的图像数据集，有 1400 多万个图像，涵盖 2 万多个类别，其中有超过百万数量的图像都有明确的类别标注和图像中物体位置的标注。

ImageNet 数据集目录下包含多个文件夹，每个文件夹中的图像均属于同一个类别，文件夹的名称即类别名，同时还包括“train_list.txt”“val_list.txt”“labels.txt”共 3 个文件，分别用于表示训练集列表、验证集列表和类别标签列表，以上便为 ImageNet 数据集的格式。

4.1.3 MS COCO 数据集

MS COCO 数据集的全称是 Microsoft Common Objects in Context，是微软公司于 2014 年推出的数据集，总共包含 91 种类别，每种类别中的数据量并不完全相等。MS COCO 数据集中的数据主要是从日常场景中“截取”的，并对图像中的目标进行了位置标注。

MS COCO 数据集具有表 4-2 所示的特点，常用于目标识别、目标检测等领域。

表4-2　MS COCO数据集的特点

序号	特点
1	对象分割
2	在上下文中可识别
3	超像素分割
4	33 万个图像（超过 20 万个图像有标注）
5	150 万个对象实例
6	80 个对象类别
7	91 个类别
8	每个图像 5 个说明文字
9	有关键点的 250000 人

MS COCO 数据集的格式是将原图像全部放在名为“JPEGImages”的文件夹中，并将与图像对应的标注文件全部放在名为“Annotations”的文件夹中。为了区分训练集和验证集，MS COCO 数据集使用不同的 JSON 文件表示数据的划分，例如使用“train.json”和“val.json”分别表述训练集和测试集。

4.1.4　PASCAL VOC 数据集

PASCAL 的全称是 Pattern Analysis Statical Modeling and Computational Learning，即模式识别、统计建模和计算学习。VOC 的全称是 Visual Object Classes，即可视对象类。PASCAL VOC 数据集是 PASCAL VOC 挑战赛为图像识别和分类提供的高质量数据集。

PASCAL VOC 2007 之后的数据集包括 20 个类别：人类、动物（鸟、猫、牛、狗、马、羊）、交通工具（飞机、自行车、船、公共汽车、小轿车、摩托车、火车）、室内物品（瓶子、椅子、餐桌、盆栽植物、沙发、电视）。虽然 PASCAL VOC 挑战赛在 2012 年后便不再举办，但其数据集图像质量好、标注完备，非常适合用来测试算法性能。

PASCAL VOC 数据集的格式包括注解（Annotation）、图像集（ImageSets）、原始图像（JPEGImages）、分类像素（SegmentationObject）和对象像素（SegmentationClass）5 个文件夹，以下是 5 个文件夹中分别存放的内容的说明。

（1）注解文件夹，用于存放 XML 格式的标签文件，每一个 XML 文件都对应原始图像文件夹中的一个图像。

（2）图像集文件夹，用于存放分类和检测的数据集分割文件。

（3）原始图像文件夹，用于存放原始图像，主要用来进行训练和测试验证。

（4）分类像素文件夹，用于存放原始图像实例分割的图像。

（5）对象像素文件夹，用于存放原始图像语义分割的图像。

4.2　PaddleX 介绍

了解完计算机视觉模型常用的数据集后，接下来介绍能够处理获取到的数据，并能训练计算机视觉模型的工具——PaddleX。

PaddleX 是 PaddlePaddle 深度学习全流程开发工具，集 PaddlePaddle 核心框架、模型库、工具及组件等深度学习开发所需全部功能于一体，具备深度学习开发流程全打通 、融合产业实践 、易用易集成三大特点。PaddleX 同时提供简明易懂的 Python API，开发者可根据实际生产需求选择相应的开发方式，以获得 PaddlePaddle 全流程开发的最佳体验。

本项目主要使用 PaddleX 对数据进行加载和处理，可以通过以下命令下载并安装 PaddleX。

```
pip install paddlex
```

安装完成后就可以通过调用 PaddleX 集成的接口来对数据集进行相应的加载和处理操作。

4.3 PaddleX 的图像分类数据集的加载方法

PaddleX 针对不同格式的数据集有不同的加载方法，接下来主要介绍使用 paddlex.datasets.ImageNet()、paddlex.datasets.VOCDetection() 和 paddlex.datasets.CocoDetection() 这 3 个函数加载数据集的方法。

4.3.1 使用 paddlex.datasets.ImageNet() 函数加载数据集

使用 paddlex.datasets.ImageNet() 函数加载、读取 ImageNet 格式的分类数据集，示例代码如下。

```
# 导入 paddlex 库
import paddlex as pdx
# 加载训练集
train_dataset = pdx.datasets.ImageNet(
            data_dir= './MyDataset' , # 数据集根目录
            file_list= './MyDataset/train_list.txt' , # 训练集列表文件
            label_list= './MyDataset/labels.txt' , # 标签文件
            transforms=train_transforms) # 预处理方法
# 加载验证集
eval_dataset = pdx.datasets.ImageNet(
            data_dir= './MyDataset' , # 数据集根目录
            file_list= './MyDataset/eval_list.txt' , # 验证集列表文件
            label_list= './MyDataset/labels.txt' , # 标签文件
            transforms=eval_transforms) # 预处理方法
```

paddlex.datasets.ImageNet() 函数的参数及说明如表 4-3 所示。

表4-3 paddlex.datasets.ImageNet()函数的参数及说明

参数	说明
data_dir	数据集所在的目录路径
file_list	描述数据集图像文件和类别 ID 的文件路径，文本内每行路径为相对 data_dir 的相对路径
label_list	描述数据集包含的类别信息的文件路径

续表

参数	说明
transforms/paddlex.cls.transforms	数据集中每个样本的预处理 / 增强算子
num_workers	数据集中样本在预处理过程中的线程或进程数，默认值为 auto。当设为 auto 时，根据系统的实际 CPU（Central Processing Unit，中央处理器）核数设置 num_workers，如果 CPU 核数的一半大于 8，则 num_workers 为 8，否则为 CPU 核数的一半
buffer_size	数据集中样本在预处理过程中队列的缓存长度，以样本数为单位，默认值为 8
parallel_method	数据集中样本在预处理过程中并行处理的方式，支持“thread”线程和“process”进程两种方式，默认值为 process，Windows 和 macOS 下会强制使用 thread
shuffle	是否需要打乱数据集中样本顺序，默认值为 False

4.3.2 使用 paddlex.datasets.VOCDetection() 函数加载数据集

使用 paddlex.datasets.VOCDetection() 函数加载、读取 PASCAL VOC 格式的检测数据集，示例代码如下。

```
# 导入 paddlex 库
import paddlex as pdx
# 加载训练集
train_dataset = pdx.datasets.VOCDetection(
                    data_dir= './MyDataset', # 数据集根目录
                    file_list= './MyDataset/train_list.txt', # 训练集列表文件
                    label_list= './MyDataset/labels.txt', # 标签文件
                    transforms=train_transforms) # 预处理方法
# 加载验证集
eval_dataset = pdx.datasets.VOCDetection(
                    data_dir= './MyDataset', # 数据集根目录
                    file_list= './MyDataset/val_list.txt', # 验证集列表文件
                    label_list= 'MyDataset/labels.txt', # 标签文件
                    transforms=eval_transforms) # 预处理方法
```

paddlex.datasets.VOCDetection() 函数的参数及说明如表 4-4 所示。

表4-4　paddlex.datasets.VOCDetection()函数的参数及说明

参数	说明
data_dir	数据集所在的目录路径
file_list	描述数据集图像文件和对应标注文件的文件路径，文本内每行路径为相对 data_dir 的相对路径
label_list	描述数据集包含的类别信息的文件路径
transforms/paddlex.det.transforms	数据集中每个样本的预处理 / 增强算子

续表

参数	说明
num_workers	数据集中样本在预处理过程中的线程或进程数，默认值为 auto。当设为 auto 时，根据系统的实际 CPU 核数设置 num_workers，如果 CPU 核数的一半大于 8，则 num_workers 为 8，否则为 CPU 核数的一半
buffer_size	数据集中样本在预处理过程中队列的缓存长度，以样本数为单位，默认值为 100
parallel_method	数据集中样本在预处理过程中并行处理的方式，支持“thread”线程和“process”进程两种方式，默认值为 process，Windows 和 macOS 下会强制使用 thread
shuffle	是否需要打乱数据集中样本的顺序，默认值为 False

4.3.3 使用 paddlex.datasets.CocoDetection() 函数加载数据集

使用 paddlex.datasets.CocoDetection() 函数加载、读取 MS COCO 格式的检测数据集，该格式的数据集同样可以应用到实例分割模型的训练中，示例代码如下。

```
# 导入 paddlex 库
import paddlex as pdx
# 加载训练集
train_dataset = pdx.dataset.CocoDetection(
        data_dir= './MyDataset/JPEGImages', # 数据集根目录
        ann_file= './MyDataset/train.json', # 训练集的标注文件
        transforms=train_transforms)     # 预处理方法
# 加载验证集
eval_dataset = pdx.dataset.CocoDetection(
        data_dir= './MyDataset/JPEGImages', # 数据集根目录
        ann_file= './MyDataset/val.json', # 验证集的标注文件
        transforms=eval_transforms)     # 预处理方法
```

paddlex.datasets.CocoDetection() 函数的参数及说明如表 4-5 所示。

表4-5 paddlex. datasets. CocoDetection()函数的参数及说明

参数	说明
data_dir	数据集所在的目录路径
ann_file	数据集的标注文件，为独立的 JSON 格式的文件
transforms/paddlex.det.transforms	数据集中每个样本的预处理 / 增强算子
num_workers	数据集中样本在预处理过程中的线程或进程数，默认值为 auto。当设为 auto 时，根据系统的实际 CPU 核数设置 num_workers，如果 CPU 核数的一半大于 8，则 num_workers 为 8，否则为 CPU 核数的一半
buffer_size	数据集中样本在预处理过程中队列的缓存长度，以样本数为单位，默认值为 100
parallel_method	数据集中样本在预处理过程中并行处理的方式，支持“thread”线程和“process”进程两种方式，默认值为 process，Windows 和 macOS 下会强制使用 thread
shuffle	是否需要打乱数据集中样本的顺序，默认值为 False

4.4 PaddleX 的图像分类数据处理函数

在中级上册第 2 篇“深度学习数据应用”中我们已经了解到，对于获取到的原始图像信息，往往需要经过图像预处理才能最大限度地简化数据，从而保证图像分类、匹配和识别的可靠性。

而 PaddleX 集成了图像分类数据预处理模块函数，可以调用相关函数对数据进行预处理。接下来将针对剪裁、翻转、像素内容变换、图像归一化等图像预处理方式，具体介绍预处理模块函数的使用方法。

4.4.1 RandomCrop() 函数

RandomCrop() 函数可以对图像进行随机剪裁，该操作是训练模型时的数据增强操作。该函数可以通过以下代码实现。

```
paddlex.cls.transforms.RandomCrop(crop_size=224, lower_scale=0.08, lower_ratio=
3 / 4, upper_ratio=4 / 3)
```

RandomCrop() 函数的参数及说明如表 4-6 所示。

表4-6 RandomCrop()函数的参数及说明

参数	说明
crop_size	随机裁剪后重新调整的目标边长，默认值为 224
lower_scale	裁剪面积相对原面积比例的最小限制，默认值为 0.08
lower_ratio	宽变换比例的最小限制，默认值为 3/4
upper_ratio	宽变换比例的最大限制，默认值为 4/3

4.4.2 RandomHorizontalFlip() 函数

RandomHorizontalFlip() 函数可以以一定的概率对图像进行随机水平翻转，该操作是训练模型时的数据增强操作。该函数可以通过以下代码实现。

```
paddlex.cls.transforms.RandomHorizontalFlip(prob=0.5)
```

RandomHorizontalFlip() 函数的参数及说明如表 4-7 所示。

表4-7 RandomHorizontalFlip()函数的参数及说明

参数	说明
prob	随机水平翻转的概率，默认值为 0.5

4.4.3 RandomDistort() 函数

RandomDistort() 函数可以以一定的概率对图像进行随机像素内容变换，该操作是训练模型时的数据增强操作。该函数可以通过以下代码实现。

```
paddlex.cls.transforms.RandomDistort(brightness_range=0.9, brightness_prob=0.5, contrast_range=0.9, contrast_prob=0.5, saturation_range=0.9, saturation_prob=0.5, hue_range=1, hue_prob=0.5)
```

RandomDistort() 函数的参数及说明如表 4-8 所示。

表4-8　RandomDistort()函数的参数及说明

参数	说明
brightness_range	明亮度因子的范围，默认值为 0.9
brightness_prob	随机调整明亮度的概率，默认值为 0.5
contrast_range	对比度因子的范围，默认值为 0.9
contrast_prob	随机调整对比度的概率，默认值为 0.5
saturation_range	饱和度因子的范围，默认值为 0.9
saturation_prob	随机调整饱和度的概率，默认值为 0.5
hue_range	色调因子的范围，默认值为 1
hue_prob	随机调整色调的概率，默认值为 0.5

4.4.4　Normalize() 函数

Normalize() 函数可以对图像进行归一化，将图像的像素值归一化到区间 [0.0,1.0]。该函数可以通过以下代码实现。

```
paddlex.cls.transforms.Normalize(mean=[0.485, 0.456, 0.406], std=[0.229, 0.224, 0.225])
```

Normalize() 函数的参数及说明如表 4-9 所示。

表4-9　Normalize()函数的参数及说明

参数	说明
mean	图像数据集的均值，默认值为 [0.485, 0.456, 0.406]
std	图像数据集的标准差，默认值为 [0.229, 0.224, 0.225]

4.4.5　其他数据处理函数

除了上述数据处理函数之外，PaddleX 还提供了其他常见的数据处理函数，如表 4-10 所示。

表4-10　其他数据处理函数及说明

函数	说明
RandomVerticalFlip()	以一定的概率对图像进行随机垂直翻转
ResizeByShort()	根据图像的短边调整图像大小
CenterCrop()	以图像中心点扩散裁剪长宽值为参数 crop_size 的值的正方形
RandomRotate()	以一定概率对图像在设置的角度范围内进行旋转操作

项目实施 | 拆分和验证垃圾分类数据集

4.5 实施思路

基于对项目描述和知识准备内容的学习，读者应该已经了解了计算机视觉领域常用的数据集以及 PaddleX 的数据处理函数。接下来将以垃圾分类数据集为例，介绍分析数据集、对数据集进行拆分，并对数据集进行验证，验证无误之后使用 PaddleX 定义预处理模块并对数据进行加载，加载后的数据将用于后续进行模型训练。本项目的实施步骤如下。

（1）查看数据集。

（2）拆分数据集。

（3）验证数据集。

（4）加载数据集。

4.6 实施步骤

步骤 1：查看数据集

本项目采用的垃圾分类数据集位于人工智能交互式在线实训及算法校验系统中的 data 目录下，单击进入该目录下的“garbage”文件夹中即可找到对应的数据集文件，如图 4-2 所示。

图 4-2　垃圾分类数据集

该数据集中包含 3 类垃圾，即玻璃类（glass）、纸类（paper）以及塑料类（plastic），每一类有 500 个左右的图像，分别存放在 3 个文件夹中。数据集中总共有 1577 个图像，每一个图像中都仅存在一种垃圾。

查看完数据集后，可以通过代码查看数据集图像。

（1）导入项目所需库，代码如下，若导入失败可通过命令“pip install 库名”安装对应库。

```
import os
import numpy as np
import matplotlib.pyplot as plt
%matplotlib inline
```

```
from PIL import Image
import paddlex as pdx
```

（2）随机抽取两个图像进行可视化，设置图像的根路径及图像文件，具体代码如下。

```
DATADIR = './data/garbage'
file1 = 'paper/paper1.jpg'
file2 = 'glass/glass1.jpg'
```

（3）读取随机抽取的两个图像，具体代码如下。

```
# 读取图像
img1 = Image.open(os.path.join(DATADIR, file1))
img1 = np.array(img1)
img2 = Image.open(os.path.join(DATADIR, file2))
img2 = np.array(img2)
```

（4）显示抽取的两个图像，具体代码如下。

```
# 显示读取的图像
plt.figure(figsize=(16, 8))
f = plt.subplot(121)
plt.imshow(img1)
f = plt.subplot(122)
plt.imshow(img2)
plt.show()
```


输出结果如图 4-3 所示。

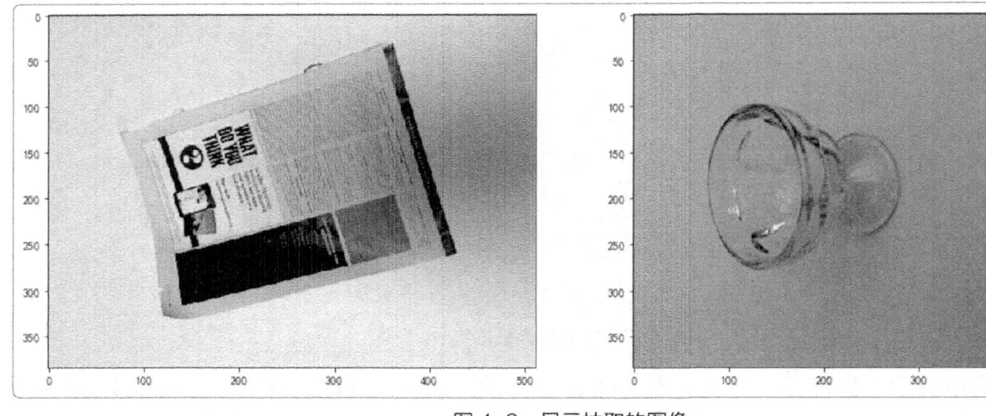

图 4-3　显示抽取的图像

步骤 2：拆分数据集

将数据集拆分为训练集和测试集，分别对应写入"train.txt"和"val.txt"两个文档，并创建"labels.txt"文档用来写入标签。这个操作实质上是将数据集转化为 ImageNet 格式，方便后续使用 PaddleX 进行数据加载。对数据集进行拆分转换需要经过以下步骤。

（1）先设置垃圾分类文件夹"./data/garbage"为根目录，并遍历该目录下每个分类垃圾对应的文件夹，后续可根据输出的文件夹顺序设置类别标签，代码如下。

```
# 导入库
import os
# 定义根目录
DATADIR = './data/garbage'
# 遍历 data/garbage 目录下的垃圾分类文件夹
datadir = os.listdir(DATADIR)

# datadir
# 输出
# [ 'paper' , 'plastic' , 'glass' ]
```

（2）遍历完每个文件夹后，创建用于存放每个图像路径的 file_list 列表和用于存放每个图像对应标签的 label_list 列表，并设置训练集比例 train_ratio 为 0.8。定义用于计算原数据集总数量的变量的值为 0，以便后续验证原数据集与拆分后的数据集数量是否一致，同时创建用于写入训练集、测试集和垃圾类别标签的“train.txt”“val.txt”“labels.txt” 3 个文件，具体代码如下。

```
# 用于存放图像路径
file_list = []

# 用于存放图像标签
label_list = []

# 设置训练集比例
train_ratio = 0.8

# 用于计算原数据集总数量
l = 0

# 创建用于写入训练集的文件对象
f1 = open( './train.txt' , 'a+' )

# 创建用于写入测试集的文件对象
f2 = open( './val.txt' , 'a+' )

# 创建用于写入垃圾类别标签的文件对象
f3 = open( './labels.txt' , 'a+' )
```

（3）接下来需要遍历每个文件夹下的图像，计算原数据集的总数量，同时根据训练比例拆分训练集和测试集，并将图像路径、对应的图像标签和类别标签分别写入对应的文件。

以下为分步骤代码解释，无须运行，完整代码会在后文说明。

① 遍历每个分类垃圾文件夹下的每一个图像，根据训练比例，将每个文件夹下的图像拆分为训练集和测试集，训练集数量为 train_num，测试集数量为 val_num，示例代码如下。

```
# 遍历每个文件夹
for i in datadir:
    # 每个文件夹下的图像
    s = os.listdir(os.path.join(DATADIR, i))
    # 计算原数据集总数量
    l += len(s)
    # 训练集的数量
    train_num = int(len(s) * train_ratio)
    # 测试集的数量
    val_num = int(len(s) - train_num)
```

② 将遍历得到的每个图像文件路径都添加到存放图像路径的 file_list 列表中，根据前面输出文件夹的顺序，当读取“paper”文件时设置图像类别标签为“0”，读取“plastic”文件时设置图像类别标签为“1”，读取“glass”文件时设置图像类别标签为“2”，并根据不同分类的图像将对应的标签写入存放图像标签的 label_list 列表，示例代码如下。

```
# 遍历单个文件夹的每一个图像
for file in s:
    # 当图像分类为“paper”时设置标签为 0
    if file[0] == 'p' and file[1] == 'a' :
        file_list.append(i + '/' + file)
        label_list.append(0)
    # 当图像分类为“plastic”时设置标签为 1
    elif file[0] == 'p' and file[1] == 'l' :
        file_list.append(i + '/' + file)
        label_list.append(1)
    # 当图像分类为“glass”时设置标签为 2
    elif file[0] == 'g' :
        file_list.append(i + '/' + file)
        label_list.append(2)
```

③ 将遍历得到的图像路径、对应的图像标签以及类别标签分别写入对应的文件，同时在遍历完一个文件后，清空存放图像路径的 file_list 列表和存放图像标签的 label_list 列表，避免重复写入相同数据，示例代码如下。

```
# 写入训练集图像文件路径及对应标签
f1.writelines([str(file_list[j]) + ' ' + str(label_list[j]) + '\n' for j in range(train_num)])
# 写入测试集图像文件路径及对应标签
f2.writelines([str(file_list[k]) + ' ' + str(label_list[k]) + '\n' for k in range(val_num)])
# 写入类别标签
f3.writelines([i + '\n' ])
# 清空列表，避免重复写入
file_list = []
label_list = []
```

根据上述步骤可得到完整代码，完整代码如下。

```
# 遍历每个文件夹
for i in datadir:
    # 每个文件夹下的所有图像
    s = os.listdir(os.path.join(DATADIR, i))
    # 计算原数据集总数量
    l += len(s)
    # 训练集的数量
    train_num = int(len(s) * train_ratio)
    # 测试集的数量
    val_num = int(len(s) - train_num)
    # 遍历单个文件夹的每一个图像
    for file in s:
        # 当图像分类为“paper”时设置标签为 0
        if file[0] == 'p' and file[1] == 'a' :
            file_list.append(i + '/' + file)
            label_list.append(0)
        # 当图像分类为“plastic”时设置标签为 1
        elif file[0] == 'p' and file[1] == 'l' :
            file_list.append(i + '/' + file)
            label_list.append(1)
        # 当图像分类为“glass”时设置标签为 2
        elif file[0] == 'g' :
            file_list.append(i + '/' + file)
            label_list.append(2)
    # print(file_list)
    # print(label_list)
    # 写入训练集图像文件路径及对应标签
    f1.writelines([str(file_list[j]) + ' ' + str(label_list[j]) + '\n' for j in range(train_num)])
    # 写入测试集图像文件路径及对应标签
    f2.writelines([str(file_list[k]) + ' ' + str(label_list[k]) + '\n' for k in range(val_num)])
    # 写入类别标签
    f3.writelines([i + '\n' ])
    # 清空列表，避免重复写入
    file_list = []
    label_list = []

# 关闭文件对象
f1.close()
f2.close()
f3.close()
```

上述步骤完成后，就已经将数据集转化成了 ImageNet 格式，后续可直接调用 PaddleX 的 API 进行数据集的加载，文档结构示例如下。

```
data   # 根目录
|
|--garbage    # 垃圾分类数据集
| |--glass/ # 当前文件夹所有图像属于 glass 类别
|   |--glass1.jpg
|   |--glass2.jpg
|   |--…
|
| |--paper/ # 当前文件夹所有图像属于 paper 类别
|   |--paper1.jpg
|   |--paper2.jpg
|   |--…
|
| |--plastic/ # 当前文件夹所有图像属于 plastic 类别
|   |--plastic1.jpg
|   |--plastic2.jpg
|   |--…
|
train.txt
|
val.txt
|
labels.txt
|
```


步骤 3：验证数据集

将数据集拆分为训练集和测试集后，需要验证拆分后的数据集和原数据集数量是否一致。根据前面的计算可得到原数据集的数量，再计算拆分后训练集和测试集的数量，若数量一致，则拆分后的数据集与原数据集数量无误。具体可以通过以下代码实现验证。

```
# 定义拆分数据集后存放数据集的文件路径
txt_list = [ './train.txt' , './val.txt' ]

# 用于计算拆分后数据集的数量
l1 = 0

# 读取每个文件并计算数量
for filename in txt_list:
    with open(filename, 'r' )as f:
        l1 += len(f.readlines())
```

```
# 比较拆分后数据集的数量与原数据集的数量
# 若数量一致则数据集无误
if l1 == l:
    print("拆分后数据集与原数据集无误！")
# 若数量不一致则数据集有误
elif l1 != l:
    print("拆分后的数据集有误！")
```

步骤 4：加载数据集

在知识准备部分已经了解了如何使用 PaddleX 加载 ImageNet 格式的数据集，现在需要先定义数据预处理模块。通过调用 PaddleX 中用于加载 ImageNet 格式的数据集的函数并配置相关参数，来将拆分好的数据集加载到指定的变量中，具体操作需要经过以下步骤进行实施。

（1）验证完数据集后，调用 PaddleX 中用于图像分类的 transforms 定义数据预处理模块，包括进行随机剪裁、随机水平翻转、随机像素内容变换以及图像归一化处理，以完成数据加载时的数据增强操作，具体代码如下。

```
# 导入项目相关库
import matplotlib
matplotlib.use('Agg')
import os
os.environ['CUDA_VISIBLE_DEVICES']='0'
import paddlex as pdx
import imghdr

import paddle.fluid as fluid
import numpy as np
import matplotlib.pyplot as plt
from PIL import Image
from paddlex.cls import transforms

# 训练集预处理模块
train_transforms=transforms.Compose([transforms.RandomCrop(crop_size=224), #
随机裁剪
transforms.RandomHorizontalFlip(), # 随机水平翻转
# 随机像素内容变换
transforms.RandomDistort(brightness_range=0.9, brightness_prob=0.5, contrast_
range=0.9, contrast_prob=0.5, saturation_range=0.9, saturation_prob=0.5, hue_range=18,
hue_prob=0.5),
transforms.Normalize() # 归一化处理
])
```

```
# 测试集预处理模块
val_transforms=transforms.Compose([transforms.ResizeByShort(short_size=256), # 根据图像的短边调整图像大小
transforms.CenterCrop(crop_size=224), # 以图像中心点扩散裁剪正方形
transforms.Normalize() # 归一化处理
])
```

（2）由于在拆分数据集的时候已将数据集转化为 ImageNet 格式，而该格式极其适用于 PaddleX 的 API，因此可以使用 paddlex.datasets.ImageNet() 函数对数据集进行加载。另外，可将定义好的数据处理模块添加到相应参数中实现数据处理，具体代码如下。

```
# 导入 paddlex 库
import paddlex as pdx
# 训练集
train_dataset=pdx.datasets.ImageNet(
    data_dir= './data/garbage' ,
    file_list= './train.txt' ,
    label_list= './labels.txt' ,
    transforms=train_transforms,
    shuffle=True
)

# 测试集
val_dataset = pdx.datasets.ImageNet(
    data_dir= './data/garbage' ,
    file_list= './val.txt' ,
    label_list= './labels.txt' ,
    transforms=val_transforms
)
```

输出结果如下。

```
[INFO]Starting to read file list from dataset...
[INFO]1260 samples in file ./train.txt
[INFO]Starting to read file list from dataset...
[INFO]317 samples in file ./val.txt
```

运行代码输出以上结果则说明数据加载成功。从输出结果可以看到训练集有 1260 个样本，测试集有 317 个样本，加载完的数据将会用于后续的模型训练。

知识拓展

PaddleX 目前支持常见的计算机视觉数据集格式和 EasyData 数据标注平台的标注数据格式，并支持 LabelMe 和 EasyData 平台数据格式的转换。LabelMe 是一个图形界面的图像标注软件，

它是用 Python 语言编写的，图形界面使用的是 Qt。Qt 是用于创建图形界面应用程序的工具包，EasyDL 则是百度公司开发的用于数据标注的平台。

计算机视觉领域的基本任务包括图像分割、目标检测、实例分割和语义分割四个任务，表 4-11 所示为计算机视觉领域的基本任务与常用数据集格式的对应关系。

表4-11 计算机视觉领域的基本任务与常用数据集格式的对应关系

数据集格式	图像分类	目标检测	实例分割	语义分割
ImageNet	√			
VOCDetection		√		
CocoDetection		√	√	
SegDataset				√
EasyDataCls	√			
EasyDataDet		√	√	
EasyDataSeg				√

课后实训

（1）ImageNet 格式的数据集文件不包括以下哪项？（　　）【单选题】

A. train_list.txt　　B. val_list.txt

C. labels.txt　　D. Annotations

（2）MS COCO 格式的数据集文件不包括以下哪项？（　　）【单选题】

A. labels.txt　　B. JPEGImages

C. train.json　　D. val.json

（3）MS COCO 数据集的特点包括以下哪项？（　　）【单选题】

A. 对象分割　　B. 在上下文中可识别

C. 超像素分割　　D. 以上都是

（4）常见的 PaddleX 的数据预处理函数包括以下哪几种？（　　）【多选题】

A. RandomCrop()　　B. RandomHorizontalFlip()

C. RandomDistort()　　D. Normalize()

（5）PaddleX 的数据预处理函数 RandomDistort() 包括以下哪些参数？（　　）【多选题】

A. brightness_range　　B. crop_size

C. contrast_range　　D. saturation_range

项目5

计算机视觉模型训练与应用

计算机视觉是一门研究如何使机器“看”的学科，是人工智能研究的重要领域，它试图建立像人一样的视觉感知系统，其主要任务就是识别和理解图像或视频中的内容。深度学习在计算机视觉领域大有可为。

项目目标

（1）了解计算机视觉领域的基本任务。
（2）了解图像分类任务的常用网络。
（3）能够针对应用场景训练图像分类模型。
（4）能够应用图像分类模型进行预测。

项目描述

本项目将介绍计算机视觉领域中包括图像分类、目标检测、语义分割和实例分割在内的四大基本任务，以及分类任务常用的网络；并会在项目实施中利用项目 4“计算机视觉模型数据准备”中已经准备好的数据集，使用 PaddleX 加载 ResNet50_vd_ssld 模型，训练出一个能够正确识别不同类型垃圾的垃圾分类模型。

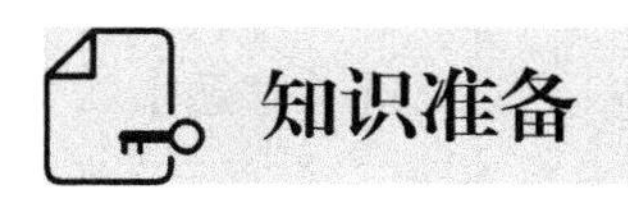

知识准备

5.1 计算机视觉领域的基本任务

在计算机视觉领域中，四大基本任务包括图像分类、目标检测、语义分割和实例分割，表 5-1 所示为各类任务的说明及相关图示。

表5-1 计算机视觉领域的基本任务的说明及相关图示

任务	说明	图示
图像分类	图像分类任务旨在判断给定的输入图像所属的类别	 cat
目标检测	目标检测任务旨在用方框框出给定的输入图像内的物体的大致边界和位置	 cat cat cat cat
语义分割	语义分割任务旨在区分给定的输入图像中每一个点的像素	 cat
实例分割	实例分割是目标检测和语义分割的结合，相对目标检测的方框，实例分割可精确到物体的边缘；相对语义分割，实例分割需要标注出图上同一物体的不同个体	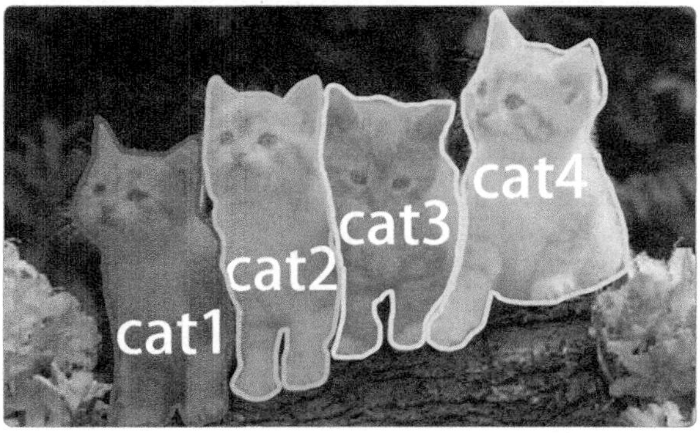 cat1 cat2 cat3 cat4

5.2 图像分类任务常用网络

随着人工智能深度学习模型的发展，越来越多计算机视觉领域的研究人员将训练的目标锁定在深度学习神经网络上。使用深度学习神经网络来完成计算机视觉分类任务成为主流。应用于图像分类任务的深度学习神经网络主要包括 ResNet、DenseNet、AlexNet、MobileNet 等。

5.2.1 ResNet

深度残差网络（Deep Residual Network，ResNet）在 2015 年被提出，其在 ImageNet 竞赛的分类任务中获得冠军。因为该网络"简单与实用"并存，所以之后很多的计算机视觉任务都是在 ResNet50 模型或者 ResNet101 模型的基础上完成的，其在检测、分割、识别等领域得到了广泛的应用，其特点是使用了残差网络结构。ResNet 能够解决普通深度学习网络中深度到达一定程度时错误率升高的问题。ResNet 网络结构如表 5-2 所示。对于 18 层、34 层、50 层、101 层和 152 层 ResNet 网络，计算速度 FLOPS（Floating-Point Operations Per Second，每秒浮点操作数）依次为 1.8×10^9、3.6×10^9、3.8×10^9、7.6×10^9 和 11.3×10^9。

表5-2 ResNet网络结构

网络层	输出大小	18层	34层	50层	101层	152层
卷积层 1	112 × 112	7 × 7，64，步长为 2				
最大池化层	3 × 3	3 × 3 最大值池化，步长为 2				
卷积层 2	56 × 56	$\begin{bmatrix}3\times3,64\\3\times3,64\end{bmatrix}\times2$	$\begin{bmatrix}3\times3,64\\3\times3,64\end{bmatrix}\times3$	$\begin{bmatrix}1\times1,64\\3\times3,64\\1\times1,256\end{bmatrix}\times3$	$\begin{bmatrix}1\times1,64\\3\times3,64\\1\times1,256\end{bmatrix}\times3$	$\begin{bmatrix}1\times1,64\\3\times3,64\\1\times1,256\end{bmatrix}\times3$
卷积层 3	28 × 28	$\begin{bmatrix}3\times3,128\\3\times3,128\end{bmatrix}\times2$	$\begin{bmatrix}3\times3,128\\3\times3,128\end{bmatrix}\times4$	$\begin{bmatrix}1\times1,128\\3\times3,128\\1\times1,512\end{bmatrix}\times4$	$\begin{bmatrix}1\times1,128\\3\times3,128\\1\times1,512\end{bmatrix}\times4$	$\begin{bmatrix}1\times1,128\\3\times3,128\\1\times1,512\end{bmatrix}\times8$
卷积层 4	14 × 14	$\begin{bmatrix}3\times3,256\\3\times3,256\end{bmatrix}\times2$	$\begin{bmatrix}3\times3,256\\3\times3,256\end{bmatrix}\times6$	$\begin{bmatrix}1\times1,256\\3\times3,256\\1\times1,1024\end{bmatrix}\times23$	$\begin{bmatrix}1\times1,256\\3\times3,256\\1\times1,1024\end{bmatrix}\times23$	$\begin{bmatrix}1\times1,256\\3\times3,256\\1\times1,1024\end{bmatrix}\times36$
卷积层 5	7 × 7	$\begin{bmatrix}3\times3,512\\3\times3,512\end{bmatrix}\times2$	$\begin{bmatrix}3\times3,512\\3\times3,512\end{bmatrix}\times3$	$\begin{bmatrix}1\times1,512\\3\times3,512\\1\times1,2048\end{bmatrix}\times3$	$\begin{bmatrix}1\times1,512\\3\times3,512\\1\times1,2048\end{bmatrix}\times3$	$\begin{bmatrix}1\times1,512\\3\times3,512\\1\times1,2048\end{bmatrix}\times3$
平均池化层	1 × 1	1000 个神经元的全连接层，Softmax() 激活函数				

PaddleX 中包含 8 种 ResNet 网络的模型，如 ResNet18、ResNet34 和 ResNet50 等模型，调用 ResNet18 模型的示例代码如下。

```
import paddlex
# 加载 ResNet18 模型
model = paddlex.cls.ResNet18(num_classes=1000, input_channel=3)
```

ResNet18 模型的参数及说明如表 5-3 所示。

表5-3 ResNet18模型的参数及说明

参数	说明
num_classes	类别数，默认值为 1000
input_channel	输入图像的通道数量，默认值为 3

5.2.2 DenseNet

DenseNet 的基本思路与 ResNet 的一致，不同点在于 DenseNet 网络所建立的网络是将前后所有层都紧密连接起来（dense connection），这也是该网络名称的由来。此外，DenseNet 的另一大特色是通过特征（feature）在通道上的连接来实现特征重用。与 ResNet 相比，这些特点让 DenseNet 在参数减少和计算成本较少的情形下，能展现出更优的性能。DenseNet 网络结构如图 5-1 所示。

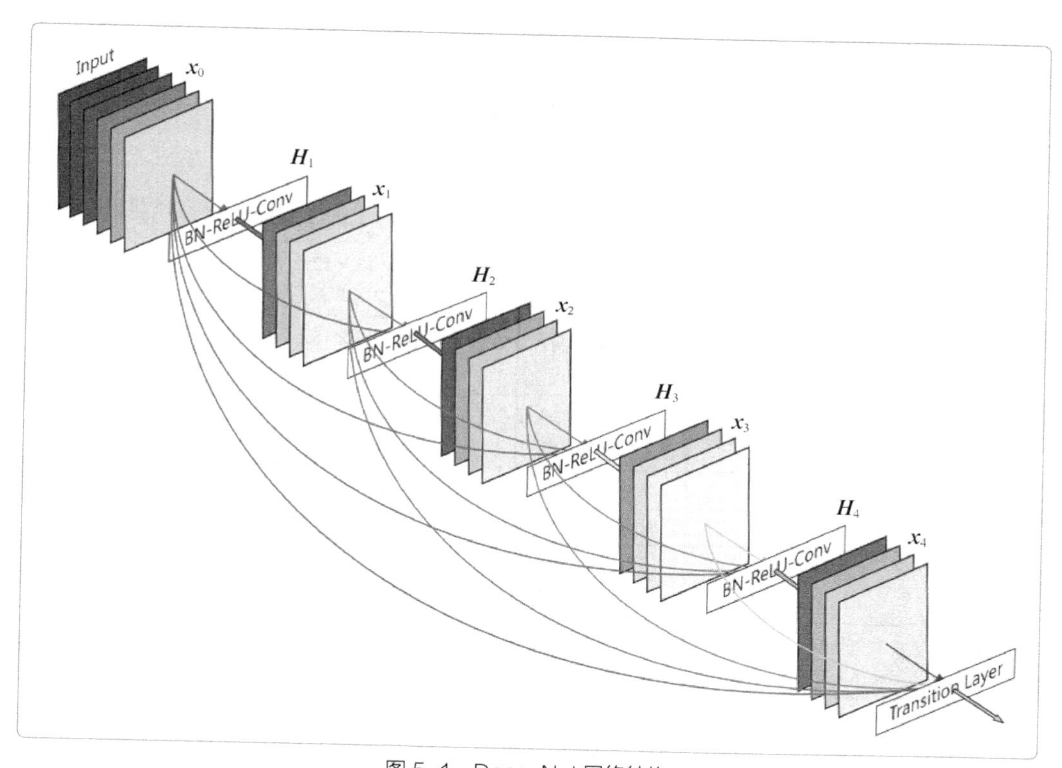

图 5-1 DenseNet 网络结构

PaddleX 中包含 3 种 DenseNet 网络的模型，如 DenseNet121、DenseNet161 和 DenseNet201 模型，调用 DenseNet121 模型的示例代码如下。

```
import paddlex
# 加载 DenseNet121 模型
model = paddlex.cls.DenseNet121(num_classes=1000, input_channel=3)
```

DenseNet121 模型的参数及说明如表 5-4 所示。

表5-4　DenseNet121模型的参数及说明

参数	说明
num_classes	类别数，默认值为 1000
input_channel	输入图像的通道数量，默认值为 3

5.2.3　AlexNet

AlexNet 是 2012 年 ImageNet 竞赛冠军获得者辛顿（Hinton）和他的学生亚历克斯·克里泽夫斯基（Alex Krizhevsky）设计的。从那年之后，更多更深的神经网络被提出，如优秀的 VGG、GoogleLeNet 等。ImageNet 竞赛冠军获得者通过官方提供的数据模型，将 AlexNet 网络的模型准确率提高到了 57.1%，top 1-5 准确率提高到了 80.2%。AlexNet 网络参数配置如表 5-5 所示。

表5-5　AlexNet网络参数配置

网络层	输入尺寸	核尺寸	输出尺寸	可训练参数量
卷积层 1	224 × 224 × 3	11 × 11 × 3/4, 48（× 2_GPU）	55 × 55 × 48（× 2_GPU）	(11 × 11 × 3+1) × 48 × 2
最大值池化层 1	55 × 55 × 48（× 2_GPU）	3 × 3/2（× 2_GPU）	27 × 27 × 48（× 2_GPU）	0
卷积层 2	27 × 27 × 48（× 2_GPU）	5 × 5 × 48/1, 128（× 2_GPU）	27 × 27 × 128（× 2_GPU）	(5 × 5 × 48+1) × 128 × 2
最大值池化层 2	27 × 27 × 128（× 2_GPU）	3 × 3/2（× 2_GPU）	13 × 13 × 128（× 2_GPU）	0
卷积层 3	13 × 13 × 128（× 2_GPU）	3 × 3 × 256/1, 192（× 2_GPU）	13 × 13 × 192（× 2_GPU）	(3 × 3 × 256+1) × 192 × 2
卷积层 4	13 × 13 × 192（× 2_GPU）	3 × 3 × 192/1, 192（× 2_GPU）	13 × 13 × 192（× 2_GPU）	(3 × 3 × 192+1) × 192 × 2
卷积层 5	13 × 13 × 192（× 2_GPU）	3 × 3 × 192/1, 128（× 2_GPU）	13 × 13 × 128（× 2_GPU）	(3 × 3 × 192+1) × 128 × 2
最大值池化层 3	13 × 13 × 128（× 2_GPU）	3 × 3/2（× 2_GPU）	6 × 6 × 128（× 2_GPU）	0
全连接层 1	6 × 6 × 128（× 2_GPU）	9216 × 2048（× 2_GPU）	1 × 1 × 2048（× 2_GPU）	(9216+1) × 2048 × 2
全连接层 2	1 × 1 × 2048（× 2_GPU）	4096 × 2048（× 2_GPU）	1 × 1 × 2048（× 2_GPU）	(4096+1) × 2048 × 2
全连接层 3	1 × 1 × 2048（× 2_GPU）	4096 × 1000	1 × 1 × 1000	(4096+1) × 1000 × 2

PaddleX 中包含 1 种 AlexNet 网络的模型，调用 AlexNet 模型的示例代码如下。

```
import paddlex
# 加载 AlexNet 模型
model = paddlex.cls.AlexNet(num_classes=1000, input_channel=3)
```

AlexNet 模型的参数及说明如表 5-6 所示。

表5-6　AlexNet模型的参数及说明

参数	说明
num_classes	类别数，默认值为 1000
input_channel	输入图像的通道数量，默认值为 3

5.2.4 MobileNet

MobileNet 是谷歌公司针对手机等嵌入式设备提出的一种轻量级的深度神经网络，主要用于移动和嵌入式设备的视觉方面，并且其与在 ImageNet 分类上的其他已有模型如 GoogleNet 和 VGG16 相比，具有强大的性能。MobileNet 可以应用于多个领域，包括物体检测、分类、跟踪等。PaddleX 中包含 6 种 MobileNet 网络的模型，如 MobileNetV1、MobileNetV2 和 MobileNetV3_small 等模型，调用 MobileNetV1 模型的示例代码如下。

```
import paddlex
# 加载 MobileNetV1 模型
model = paddlex.cls.MobileNetV1(num_classes=1000, input_channel=3)
```

MobileNetV1 模型的参数及说明如表 5-7 所示。

表5-7　MobileNetV1模型的参数及说明

参数	说明
num_classes	类别数，默认值为 1000
input_channel	输入图像的通道数量，默认值为 3

项目实施 | 训练垃圾分类模型

5.3 实施思路

基于对项目描述和知识准备内容的学习，读者应该已经对计算机视觉领域的分类任务以及常用图像分类网络有了一定的了解。接下来将介绍利用项目 4“计算机视觉模型数据准备”中已经准备好的数据集，使用 PaddleX 加载 ResNet50_vd_ssld 模型，训练出一个能够正确识别不同类型的垃圾的垃圾分类模型。具体需要通过以下步骤实现。

（1）数据准备。

（2）模型加载。

（3）模型训练。

（4）模型预测。

5.4 实施步骤

步骤 1：数据准备

基于项目 4“计算机视觉模型数据准备”中已将垃圾分类数据集处理好的情况，这里直接引用项目 4 中“加载数据集”步骤的代码。

```
import paddlex as pdx
from paddlex.cls import transforms

train_transforms=transforms.Compose([transforms.RandomCrop(crop_size=224),
transforms.RandomHorizontalFlip(),
transforms.RandomDistort(brightness_range=0.9, brightness_prob=0.5, contrast_range=0.9, contrast_prob=0.5, saturation_range=0.9, saturation_prob=0.5, hue_range=18, hue_prob=0.5),
transforms.Normalize()
])

val_transforms=transforms.Compose([transforms.ResizeByShort(short_size=256),
transforms.CenterCrop(crop_size=224),
transforms.Normalize()
])

train_dataset=pdx.datasets.ImageNet(
    data_dir= './data/garbage',
    file_list= './train.txt',
    label_list= './labels.txt',
    transforms=train_transforms,
    shuffle=True
)

val_dataset = pdx.datasets.ImageNet(
    data_dir = './data/garbage',
    file_list = './val.txt',
    label_list = './labels.txt',
    transforms = val_transforms
)
```

在本项目将使用已经处理好的训练集和测试集，使用 PaddleX 加载 ResNet50_vd_ssld 模型用于后续的模型训练。

步骤 2：模型加载

数据集准备好后，使用 PaddleX 加载 ResNet50_vd_ssld 模型，代码如下。

```
import paddlex as pdx
num_classes = len(train_dataset.labels)
model = pdx.cls.ResNet50_vd_ssld(num_classes=num_classes)
```

步骤 3：模型训练

模型加载完成后，配置模型相关参数，详细参数及说明如表 5-8 所示。

表5-8　模型配置相关参数及说明

参数	说明
num_epochs	训练迭代轮数
train_dataset	训练数据读取器
train_batch_size	训练数据批次大小，同时其可作为验证数据批次大小，默认值为 64
eval_dataset	验证数据读取器
lr_decay_epochs	设置优化器的学习衰减率轮数，让学习率随着训练轮数呈指数级下降，以减少模型的训练时间，默认值为 [30,60,90]
save_interval_epochs	设置保存模型的间隔
learning_rate	默认优化器的初始学习率，合适的学习率能够使损失函数在短时间收敛到最小值，达到模型的最优准确率，默认值为 0.025
save_dir	设置模型保存的路径
use_vdl	设置为 True，表示训练过程可以使用 VisualDL 查看训练指标的变化。VisualDL 是 PaddlePaddle 用于模型训练过程可视化训练指标的工具，默认值为 False

通过以下代码完成模型的相关参数配置后即可启动模型进行训练。

```
# 启动模型进行训练
model.train(num_epochs=5, # 训练迭代轮数
train_dataset=train_dataset, # 训练数据读取器
train_batch_size=16, # 训练数据批次大小
eval_dataset=val_dataset, # 验证数据读取器
lr_decay_epochs=[80, 100, 150], # 优化器的学习衰减率轮数
save_interval_epochs=1, # 保存模型的间隔
learning_rate=0.002, # 优化器的初始学习率
save_dir= 'output/ResNet50_vd_ssld' , # 保存模型的路径
use_vdl=True) # 使用 VisualDL 查看训练指标的变化
```

步骤 4：模型预测

大约等待 10 分钟，模型训练完成后，使用 PaddleX 的 load_model() 函数加载训练过程中自动保存的最优模型，使用模型对 data 目录下类型为 paper 的一个待预测图像进行预测，代码如下。

```
# 导入最优模型
model = pdx.load_model( 'output/ResNet50_vd_ssld/best_model' )
# 待预测图像的路径
image_name = './data/garbage/paper/paper10.jpg'
```

```
# 进行预测
result = model.predict(image_name)
# 输出预测结果
print('Predict Result:', result)
# 提取分类结果
number = result[0]['category']
number
```

输出结果如下。

```
[INFO]Model[ResNet50_vd_ssld] loaded.
Predict Result: [{'category_id': 0, 'category': 'paper', 'score': 0.9847607}]
'paper'
```

根据结果可知，预测图像类别标签为 0，类型为 paper，与实际结果一致，识别置信度为 0.9847607。

在项目 6“计算机视觉模型部署”中，将使用本项目训练完成的垃圾分类模型进行模型部署，因此可以将通过本项目训练得到的最优模型下载至本地，即将“best_model”文件夹中的文件下载至本地。首先进入人工智能交互式在线实训及算法校验系统，在“output/ResNet50_vd_ssld/best_model”文件夹下，依次勾选文件夹中的文件对应的复选框并单击“Download”按钮将其下载至本地。文件全部下载完成后，在本地新建一个“best_model”文件夹，将下载的文件全部放到该文件夹下，并将文件夹打包成文件名为“best_model.zip”的压缩包。

知识拓展

目前的深度学习模型普遍存在一个问题，即模型还处于“黑盒”的状态；由于几乎无法感知其内部的工作情况，预测结果的可信度一直遭到质疑。为此，PaddleX 提供了各种对图像分类预测结果进行解释的算法，接下来将介绍其中一种解释预测结果的算法——LIME 算法。

LIME 算法的全称为 Local Interpretable Model-Agnostic Explanations，即与模型无关的局部可解释性算法，它支持对图像分类的结果以可视化的方式进行解释，实现步骤主要如下。

步骤 1：获取图像的超像素。

步骤 2：以输入样本为中心，在其附近的空间中进行随机采样，每次采样即对样本中的超像素进行随机“遮掩”，每个采样样本的权重和该采样样本与原样本的距离成反比。

步骤 3：每个采样样本通过预测模型得到新的输出，这样得到一系列的输入 X 和对应的输出 Y。

步骤 4：将 X 转换为超像素特征 F，用一个简单的、可解释的模型来拟合 F 和 Y 的映射关系。

步骤 5：模型将得到 F 每个输入维度的权重，每个维度代表一个超像素，以此来解释模型。

以本项目中的训练集图像为例，LIME 可解释性结果可视化的实现代码如下。

```
# 导入 paddlex
import paddlex

img_file = './data/garbage/paper/paper10.jpg'
```

```
model = pdx.load_model( 'output/ResNet50_vd_ssld/best_model' )

paddlex.interpret.lime(img_file,          # 预测图像路径
               model,          # 本项目中的最优模型
               num_samples=3000, # LIME 用于学习线性模型的采样数，默认值为 3000
               batch_size=50,    # 预测数据 batch 大小，默认值为 50
               save_dir= './' )  # 可解释性结果可视化保存为 PNG 格式的文件和中间文件存储
路径
```

在使用时，参数 num_samples 的设置尤为重要，其表示 LIME 的实现步骤 2 中的随机采样的个数，若设置得过小会影响可解释性结果的稳定性，若设置得过大则将使步骤 3 耗费较长时间；参数 batch_size 若设置得过小，也会导致步骤 3 耗费较长时间，而 batch_size 的上限则根据机器配置决定。

运行上述代码，输出结果如图 5-2 所示。

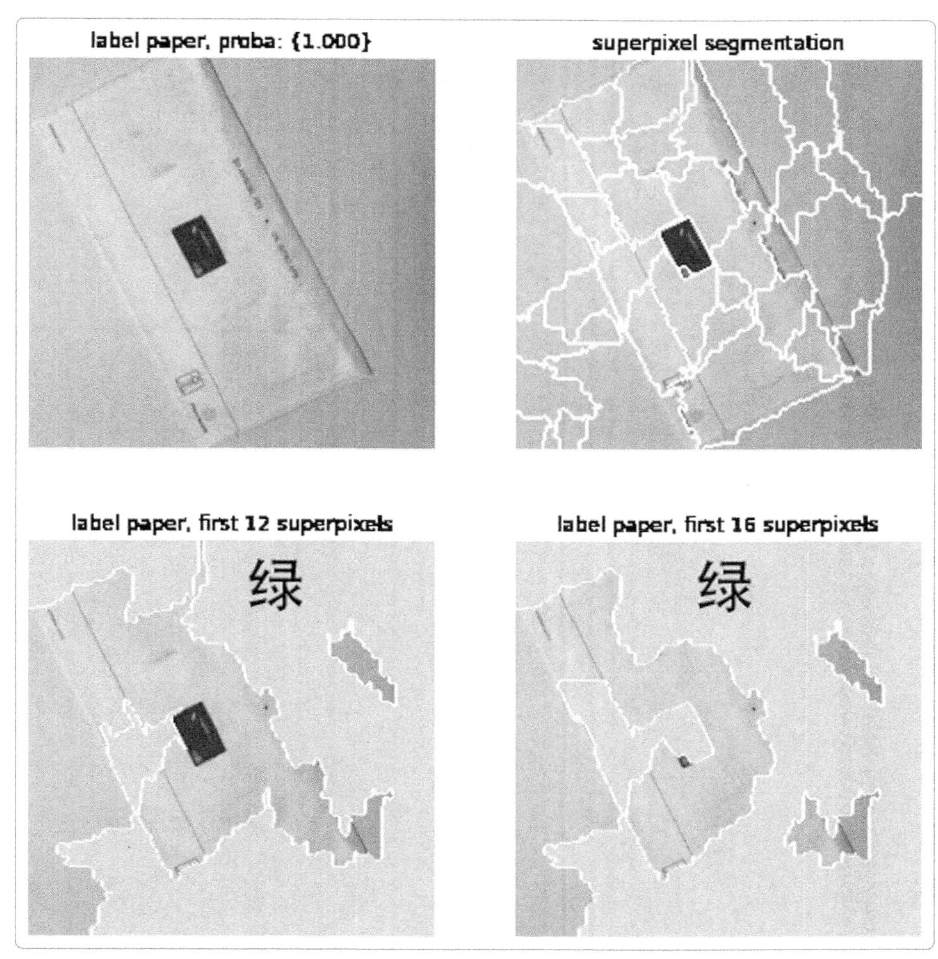

图 5-2　LIME 可解释性结果可视化示例

其中绿色区域代表起正向作用的超像素，"first n superpixels"代表前 n 个权重比较大的超像素，它是由 LIME 的实现步骤 5 计算所得到的结果。

课后实训

（1）以下哪项不属于计算机视觉领域的基本任务？（　　）【单选题】

A. 分类　　B. 检测

C. 查找　　D. 分割

（2）以下哪种分类网络使用 ReLU() 作为激活函数？（　　）【单选题】

A. ResNet　　B. DenseNet

C. AlexNet　　D. MobileNet

（3）以下哪种分类网络是针对手机等嵌入式设备提出的？（　　）【单选题】

A. ResNet　　B. DenseNet

C. AlexNet　　D. MobileNet

（4）以下哪项可设置保存模型的路径？（　　）【单选题】

A. train_batch_size　　B. train_dataset

C. eval_dataset　　D. save_dir

（5）以下哪项可以设置在训练过程中通过 VisualDL 查看训练指标的变化？（　　）【单选题】

A. use_vdl　　B. num_epochs

C. eval_dataset　　D. learning_rate

项目6 计算机视觉模型部署

06

在训练出具备准确性的深度学习模型之后，就需要进行模型部署，即将训练好的模型投入应用或者其他系统，提供给用户使用。按模型的部署方式来分，模型部署可分为本地部署和边缘设备部署两种方式。其中，本地部署是指将训练好的模型存放到本地指定路径下，调用相关接口进行应用；边缘设备部署是指将模型存放到能够感知及获取图像、声音等环境信息数据的设备中，并按照已部署模型的设定逻辑执行相应任务。

模型部署的过程中需要考虑模型的使用场景、部署方式、部署设备等问题。为了简化模型部署的过程，百度公司的PaddleX推出了各种部署方法，如轻量级服务化部署、服务端部署、边缘设备部署、Paddle Lite移动端部署、Open VINO部署以及树莓派部署。同时，针对不同的部署方式，对于部署的模型的要求以及系统环境的要求都有所不同，需要根据不同的部署方式对模型进行转换、对环境进行编译等操作，部署完成之后需要对模型进行预测测试。

项目目标

（1）了解计算机视觉模型应用案例。
（2）掌握PaddleX深度学习模型的本地部署方式。
（3）了解PaddleX深度学习模型的边缘设备部署方式。
（4）能够使用PaddleX部署深度学习模型并应用。

项目描述

本项目首先介绍计算机视觉模型应用案例，接着介绍使用 PaddleX 进行计算机视觉模型的部署，最后在项目实施阶段，通过对垃圾分类模型在本地及边缘设备的部署及预测，进一步介绍深度学习模型的部署方式。具体的模型部署流程如图 6-1 所示。

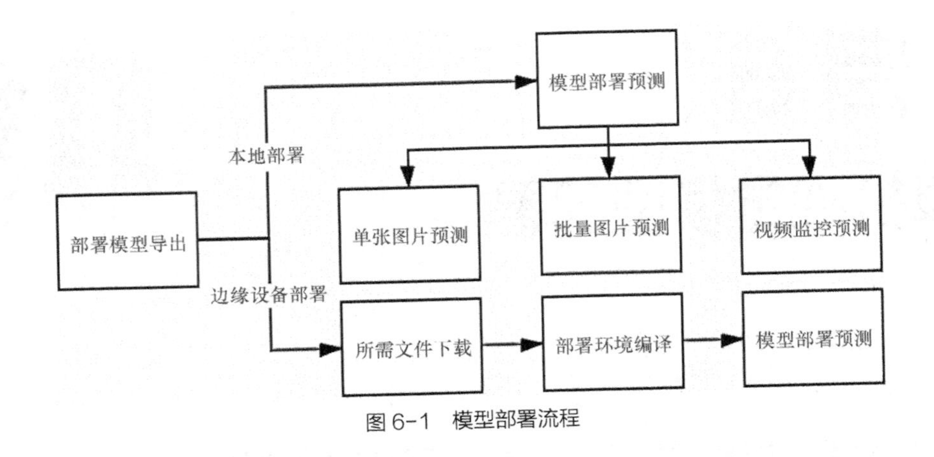

图 6-1　模型部署流程

6.1 计算机视觉模型应用案例

通过将计算机视觉模型进行部署，可以实现模型在不同场景下的应用。接下来将介绍两个具体场景下的计算机视觉模型应用案例。

- 智慧药房系统：智慧药房系统能够实现门诊药品的存储、取用、调配以及发放等过程的智能化管理。系统将医护人员输入的处方信息和患者信息传输到发药机，发药机自动挑选药品并通过传输带将药品运输到指定窗口，医护人员核对药品后即可将药品发放给患者。整个过程最快只需十几秒，大大缩减了患者取药等候的时间。智慧药房系统涉及的主要技术是将计算机视觉模型部署到边缘设备上，此处的边缘设备主要为摄像头，摄像头通过所获取到的药品信息识别药柜中的药品实现智能取药。
- 安全帽检测系统：安全帽是施工人员施工的安全保障。安全帽检测系统通过摄像头设备实时监控施工人员是否佩戴安全帽，若识别到未佩戴安全帽则发出报警，提醒相关监控管理人员监督该人员佩戴安全帽。安全帽检测系统通过部署在边缘设备的计算机视觉模型，此处的边缘设备可以是工地上的摄像头等，可以对工地上的施工人员进行实时监控，消除安全隐患。

6.2 PaddleX 本地部署

在使用 PaddleX 进行模型本地部署之前，需要先通过 PaddleX 命令将训练完成的模型进行导出，接着将模型部署到本地，调用 PaddleX 的 Predictor 类提供的接口对模型部署进行预测。使用 PaddleX 对深度学习模型进行本地部署和应用的过程，可以分为模型导出、模型部署、模型部署预测 3 个步骤。其中，对模型进行本地部署，只需将模型按指定格式导出后存放到指定位置即可，因此接下来主要介绍模型导出以及模型部署预测。

6.2.1　模型导出

在部署模型前需要先将模型导出为 inference 部署格式，导出的 inference 部署格式模型文件夹中应包括“_ _model_ _”“_ _params_ _”和“model.yml”3 个文件，分别表示模型的网络结构、模型权重和模型的配置文件（包括数据预处理参数等）。

安装完 PaddleX 后，在命令行终端中使用如下命令，将训练好的模型导出到 --save_dir 指定的 inference_model 目录下。

```
!paddlex --export_inference --model_dir=./your_model_dir --save_dir=./inference_model --fixed_input_shape=None
```

模型导出命令可选的参数及说明如表 6-1 所示。

表6-1　模型导出命令可选的参数及说明

参数	说明
--export_inference	是否将模型导出为用于部署的 inference 部署格式，若“是”，则将值指定为 True
--model_dir	待导出的模型路径
--save_dir	导出的模型存储路径
--fixed_input_shape	固定导出模型的输入大小，默认值为 None

模型导出完成后，将文件存放到指定路径即可实现本地部署，接着就可以通过相关接口对部署的模型进行预测。预测的主要目的在于测试部署的模型是否能够在指定场景下正常应用，接下来介绍模型部署预测的内容。

6.2.2　模型部署预测

将模型导出后，可以通过调用 PaddleX 相关接口对部署的模型进行预测。

本次部署的模型为计算机视觉模型，调用 PaddleX 进行预测的方式主要有单张图片预测和批量图片预测两种。单张图片预测和批量图片预测的主要区别在于，使用批量图片预测时需要将图片路径存放到列表，才能将其输入接口进行预测。

具体的操作中，首先调用 Predictor 类加载模型，接着使用 predict 接口实现单张图片预测，也可以使用 batch_predict 接口实现批量图片预测。以下是 Predictor 类以及两个预测接口的相关介绍。

1. Predictor 类

Predictor 类可进行图像分类、目标检测、实例分割、语义分割的高性能预测，其中包含单张图片预测接口 predict 和批量图片预测接口 batch_predict。可通过以下代码实现模型加载以用于预测。

```
paddlex.deploy.Predictor(model_dir, use_gpu=False, gpu_id=0, use_mkl=False, mkl_thread_num=4, use_trt=False, use_glog=False, memory_optimize=True)
```

Predictor 类的参数及说明如表 6-2 所示。

表6-2　Predictor类的参数及说明

参数	说明
model_dir	导出为 inference 部署格式的模型路径
use_gpu	是否使用 GPU（Graphics Processing Unit，图形处理单元）进行预测
gpu_id	使用的 GPU 序列号
use_mkl	是否使用 mkldnn 加速库
mkl_thread_num	使用 mkldnn 加速库时的线程数，默认值为 4
use_trt	是否使用 TensorRT 预测引擎
use_glog	是否输出中间日志
memory_optimize	是否优化内存

2．单张图片预测接口

单张图片预测接口为 predict，传入单张图片即可实现预测，具体可通过以下代码来实现。

```
import paddlex

model = paddlex.deploy.Predictor(model_dir, use_gpu=True)
result = model.predict(image_file)
```

predict 的参数及说明如表 6-3 所示。

表6-3　predict的参数及说明

参数	说明
image_file	待预测的图片路径或 NumPy 数组

3．批量图片预测接口

批量图片预测接口为 batch_predict，批量传入图片列表即可实现预测，具体可通过以下代码来实现。

```
import paddlex

model = paddlex.deploy.Predictor(model_dir, use_gpu=True)
image_list = [ '1.jpg' , '2.jpg' , '3.jpg' , ...]
result = model.batch_predict(image_list, topk=10)
```

batch_predict 的参数及说明如表 6-4 所示。

表6-4　batch_predict的参数及说明

参数	说明
image_list	对列表或元组中的图像同时进行预测，列表中的元素可以是图像路径或 NumPy 数组
topk	图像分类时使用的参数，表示预测前 topk 个可能的分类

6.3 PaddleX 边缘设备部署

通过 PaddleX 能够将模型部署到多种边缘设备中。接下来了解 4 款人工智能应用开发任务的边缘设备，本项目将使用其中的人工智能边缘开发设备完成模型部署。

6.3.1 智慧零售操作台

智慧零售操作台是一款面向智慧零售场景的硬件平台，由工业摄像机、工业光源、工业传送带、智能控制单元、高清显示屏等模块组成，能够还原智慧零售环境下的商品识别、人脸识别等工作任务。

智慧零售操作台集成 Python、机器学习、深度学习系统等运行环境，兼容 TensorFlow、PaddlePaddle、PyTorch 等人工智能深度学习框架，支持人工智能平台应用、智能数据采集与处理、计算机视觉等人工智能专业知识的学习和应用。智慧零售操作台实物如图 6-2 所示。

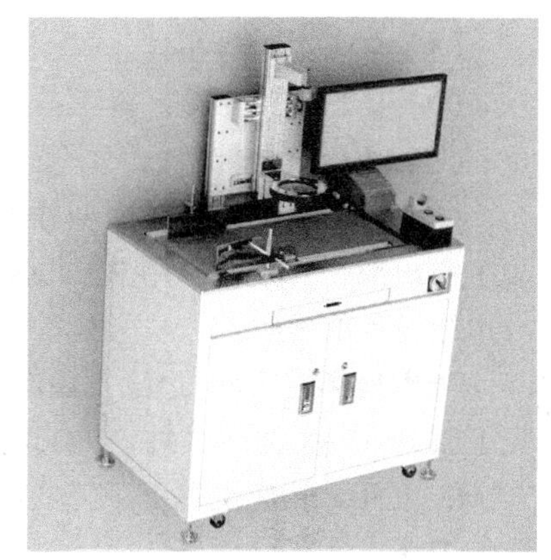

图 6-2　智慧零售操作台实物

6.3.2 智慧工业操作台

智慧工业操作台是一款面向智慧工业场景的硬件平台，支持图像分类、目标检测、图像分割、机器控制等算法和硬件的开发和学习，能够还原智能工业场景下的芯片分类、芯片缺陷检测、芯片划痕检测等工作任务。智慧工业操作台实物如图 6-3 所示。

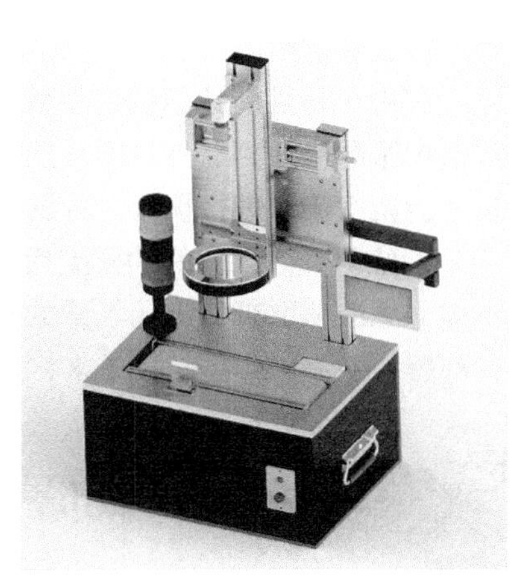

图 6-3　智慧工业操作台实物

6.3.3 人工智能端侧开发套件

人工智能端侧开发套件是一款集深度学习和计算机视觉技术为一体的智能设备，支持图像分类、目标识别等人工智能模型的本地推理应用，兼容 PaddlePaddle、TensorFlow 等深度学习框架，支持教育端侧实训、行业应用、竞赛实操等场景的软硬件一体化人工智能应用开发，目前已成功应用于智能制造、智能交通、智慧零售等领域。人工智能端侧开发套件实物如图 6-4 所示。

图 6-4　人工智能端侧开发套件实物

6.3.4 人工智能边缘开发设备

本项目所使用的设备是人工智能边缘开发设备，人工智能边缘开发设备是一款功能强大的小型计算机，可用于图像分类、目标检测、图像分割和语音处理等，并能运行多个神经网络，而其运行功耗仅为5W，人工智能边缘开发设备实物如图6-5所示。

图6-5　人工智能边缘开发设备实物

要实现人工智能边缘开发设备的部署，首先使用PaddleX将模型导出为部署格式，并对部署格式的模型进行性能预测，接着将模型部署到人工智能边缘开发设备上，并使用PaddleX相关命令实现对模型的部署预测，具体需要经过以下步骤。

（1）部署模型导出。

（2）模型性能预测。

（3）边缘设备部署。

首先使用PaddleX将模型导出为部署格式，将导出后的模型存放到本地指定路径实际上就完成了本地部署，接着调用PaddleX集成的接口对导出的模型进行性能预测，性能达标后则可以进行边缘设备部署。

与本地部署不同,边缘设备部署需要先在边缘设备中搭建部署环境。搭建部署环境的步骤为：先下载PaddleX源码文件、PaddlePaddle C++预测库paddle_inference文件以及编译环境时所需的YAML文件。相应文件下载完成后对指定文件进行编译，编译完成后执行脚本，即可完成部署环境的搭建。

部署环境搭建完成后，将部署格式的文件夹存放到边缘设备的指定路径下，即可完成模型的部署，最后可使用PaddleX相关命令实现对模型的部署预测，预测的目的在于检验模型部署后是否能够正确应用。

其中，将性能达标的模型部署到边缘设备后可以使用相关命令对部署的模型进行预测，主要包括单张图片预测、批量图片预测和视频监控预测。当使用视频监控预测时则需要具备摄像头设备才能调用接口进行预测，若没有摄像头则无法实现。

训练得到效果较好的模型后，深度学习模型还无法直接在实际场景中应用。因其无硬件算力支撑，无法获取真实应用场景的数据，所以不能直接投入场景中进行应用，需要搭配边缘设备进行部署才能完成应用。接下来将通过具体的项目实施来介绍计算机视觉模型部署的步骤。

项目实施　部署垃圾分类模型到边缘设备

6.4 实施思路

基于对项目描述和知识准备内容的学习，读者应该已经对深度学习模型的相关部署有了一定的了解。由于PaddleX已经集成了基于Python的高性能预测接口，因此可以使用PaddleX对本地端及边缘设备端部署的模型进行预测。本项目为部署垃圾分类模型到边缘设备，具体的实施步骤如下。

（1）部署模型导出。

（2）模型性能预测。

（3）边缘设备部署。

6.5 实施步骤

步骤1：部署模型导出

在项目5“计算机视觉模型训练与应用”中已将垃圾分类模型训练完成并将最优模型保存在了best_model文件夹中，现在已将该文件夹存放在人工智能交互式在线实训及算法校验系统的data目录下。接下来可以使用PaddleX命令将模型导出为部署格式，命令如下。

```
!paddlex --export_inference --model_dir=./data/best_model --save_dir=./inference_model
```

如果在项目5“计算机视觉模型训练与应用”中已将模型下载到本地，可以通过以下步骤将模型文件夹上传至人工智能交互式在线实训及算法校验系统进行解压部署；若没有下载则直接执行以上命令即可。

（1）在人工智能交互式在线实训及算法校验系统的根目录中，单击“Upload”按钮并选中相应的压缩文件即可上传文件，如图6-6所示。

图6-6 上传模型压缩文件

（2）等待上传完成后，将压缩文件解压到当前目录，即压缩文件所在的同一目录下，解压命令如下。

```
!unzip -oq best_model.zip
```

（3）解压完成后，通过PaddleX的模型部署格式导出命令进行模型的导出。主要修改命令中model_dir参数的值为./data/best_model，即可将模型导出为部署格式，命令如下。

```
!paddlex --export_inference --model_dir=./data/best_model --save_dir=./inference_model
```

（4）模型导出完成之后，可以在当前目录下看到新生成的“inference_model”部署格式的模型文件夹，文件夹中包括表示模型网络结构的“__model__”文件、表示模型权重的“__params__”文件和表示模型配置的“model.yml”文件。

部署格式的模型导出完成后，结合垃圾分类的应用场景，将模型部署到边缘设备进行应用。部署完成后需要进行性能预测，以确保模型在实际场景中能够进行应用。

步骤2：模型性能预测

检查部署格式的模型文件夹中包含相应的3个文件后，即代表完成本地部署。可使用本地部署预测方式对模型进行性能预测，当该模型的性能达到预期后便可以将模型部署到边缘设备。预测方式包括单张图片预测和批量图片预测，可通过以下步骤实现对模型性能的预测。

（1）在 PaddleX 中使用 paddlex.deploy.Predictor() 函数调用 Predictor 类来加载待预测的模型，使用 predict() 函数调用 predict 接口即可实现单张图片预测，以下为实现单张图片预测的代码。

```
# 导入库
import paddlex as pdx
# 加载模型进行预测
predictor = pdx.deploy.Predictor( './inference_model' )
# 模型预测结果
result = predictor.predict( 'data/garbage/paper/paper1.jpg' )
# 输出结果
print(result)
# 提取分类
category = result[0][ 'category' ]
# 输出分类结果
category
```

输出结果如下。

```
[{ 'category_id' : 0, 'category' : 'paper' , 'score' : 0.9986669}]
'paper'
```


从输出结果可以看到，“category_id”表示图片对应的标签为“0”，“category”表示图片的垃圾分类类型为“paper”，“score”表示预测的置信度为“0.9986669”。这里用于预测的图片的类别是纸张类，所以模型本次的预测结果正确，性能较优，可以部署在边缘设备上进行应用。

（2）PaddleX 支持输入多张图片实现批量预测，调用 batch_predict() 接口即可实现批量图片预测。需要注意的是，进行批量图片预测时，需要将输入图片的路径生成为列表再输入，以下为实现批量图片预测的代码。

```
# 导入库
import paddlex as pdx
# 加载模型进行预测
predictor = pdx.deploy.Predictor( './inference_model' )
# 生成批量图片列表
image_list = [ 'data/garbage/paper/paper10.jpg' , 'data/garbage/plastic/plastic10.jpg' , 'data/garbage/glass/glass10.jpg' ]
# 模型预测结果
result = predictor.batch_predict(image_list=image_list)
# 输出结果
result
```

输出结果如下。

```
[[{ 'category_id' : 0, 'category' : 'paper' , 'score' : 0.9847607}],
 [{ 'category_id' : 1, 'category' : 'plastic' , 'score' : 0.9984295}],
 [{ 'category_id' : 2, 'category' : 'glass' , 'score' : 0.56531054}]]
```

从返回的结果列表可以看出预测结果准确，可分别查看对应的预测标签、图像分类类型以及预测的置信度。其中，置信度是关于预测结果是否可靠的评价指标，置信度越高，预测结果越可靠。

步骤 3：边缘设备部署

通过单张图片预测及批量图片预测可知，该垃圾分类模型性能较佳，可满足基本的垃圾分类识别需求。接下来通过以下步骤进行边缘设备部署，促进模型在实际场景的应用。

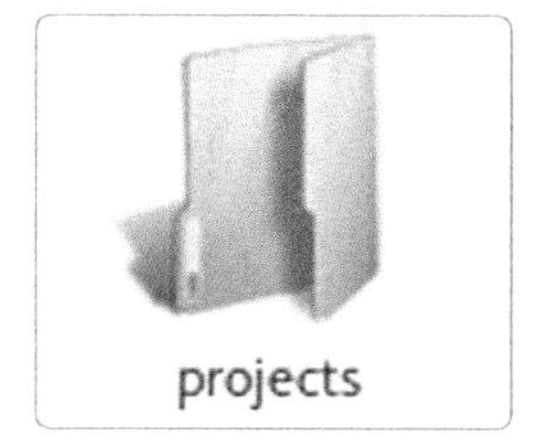

图 6-7　创建 projects 文件夹

（1）进入边缘设备环境之后，首先在边缘设备的 /home/dlinano 目录下创建“projects”文件夹，如图 6-7 所示。以下步骤均在 /home/dlinano/projects 目录下进行。文件夹创建完成后，在边缘设备环境中打开浏览器，进入人工智能交互式在线实训及算法校验系统。

（2）进入人工智能交互式在线实训及算法校验系统后，首先需要下载 PaddleX 源码文件以及 PaddlePaddle C++ 预测库 paddle_inference 文件，用于后续本地环境的编译。人工智能交互式在线实训及算法校验系统中已将所需文件打包至 data 目录下，PaddleX 对应的文件名为“PaddleX.zip”，paddle_inference 对应的文件名为“fluid_inference.tar.gz”。勾选对应文件的复选框，单击“Download”按钮将其下载至人工智能边缘设备。需要注意的是，每次只能勾选一个文件的复选框进行文件下载，如图 6-8 所示。

图 6-8　下载环境所需文件

对应文件下载完成之后，将文件全部解压存放至 /home/dlinano/projects 目录下。

（3）文件存放好后，打开 /home/dlinano/projects/PaddleX/deploy/cpp/script 目录下的“jetson_build.sh”文件进行修改，修改完成后执行该文件进行部署环境的编译，这样才能让模型部署到边缘设备上。可根据实际情况修改主要参数，需要修改的主要内容的代码如下。

```
# 是否使用 GPU( 是否使用 CUDA)
WITH_GPU=OFF
# 使用 MKL or Openblas
WITH_MKL=OFF
# 是否集成 TensorRT( 仅当 WITH_GPU=ON 时有效 )
WITH_TENSORRT=OFF
# TensorRT 的路径，如果需要集成 TensorRT，则需修改为实际安装的 TensorRT 路径
TENSORRT_DIR=/home/dlinano/projects/TensorRT/
# Paddle 预测库路径，请修改为实际安装的预测库路径
PADDLE_DIR=/home/dlinano/projects/fluid_inference
```

```
# Paddle 的预测库是否使用静态库来编译
# 使用 TensorRT 时，Paddle 的预测库通常为动态库
WITH_STATIC_LIB=OFF
# CUDA 的 lib 路径
CUDA_LIB=/usr/local/cuda/lib64
# CUDNN 的 lib 路径
CUDNN_LIB=/usr/local/cuda/lib64

# 以下无须修改
rm -rf build
mkdir -p build
cd build
cmake .. \
    -DWITH_GPU=${WITH_GPU} \
    -DWITH_MKL=${WITH_MKL} \
    -DWITH_TENSORRT=${WITH_TENSORRT} \
    -DWITH_ENCRYPTION=${WITH_ENCRYPTION} \
    -DTENSORRT_DIR=${TENSORRT_DIR} \
    -DPADDLE_DIR=${PADDLE_DIR} \
    -DWITH_STATIC_LIB=${WITH_STATIC_LIB} \
    -DCUDA_LIB=${CUDA_LIB} \
    -DCUDNN_LIB=${CUDNN_LIB}
make
```

需要注意的是，在 Linux 环境下编译会自动下载 YAML 文件，如果在编译中环境无法自动下载文件，则可以将平台 data 目录下已有的名为“yand-cpp.zip”的压缩文件手动下载至边缘设备，这里将文件下载至 /home/dlinano/projects 目录下。

“yaml-cpp.zip”文件下载后无须解压，在 /home/dlinano/projects/PaddleX/deploy/cpp/cmake 目录下的“yaml.cmake”文件中，将 URL（Uniform Resource Locator，统一资源定位符）部分的网址修改为 YAML 文件的下载路径（根据实际下载路径为准，如修改为“/home/dlinano/projects/yaml-cpp.zip”），如图 6-9 所示。

```
include(ExternalProject)

message("${CMAKE_BUILD_TYPE}")

ExternalProject_Add(
        ext-yaml-cpp
        URL /home/dlinano/projects/yaml-cpp.zip
        URL_MD5 9542d6de397d1fbd649ed468cb5850e6
        CMAKE_ARGS
        -DYAML_CPP_BUILD_TESTS=OFF
        -DYAML_CPP_BUILD_TOOLS=OFF
        -DYAML_CPP_INSTALL=OFF
        -DYAML_CPP_BUILD_CONTRIB=OFF
        -DMSVC_SHARED_RT=OFF
```

图 6-9　修改 YAML 文件

（4）修改脚本“jetson_build.sh”文件并设置好主要参数后，在命令行终端执行以下命令进行编译。

```
cd /home/dlinano/projects/PaddleX/deploy/cpp
sh ./scripts/jetson_build.sh
```

（5）等待编译完毕之后，将导出的部署格式的模型文件夹复制到 /home/dlinano/projects 目录下，“projects”文件夹的结构如下。

```
PaddleX # PaddleX 源码文件
|
inference_model # 部署格式的模型文件夹
|
fluid_inference
 ├── paddle # PaddleX 核心库和头文件
 |
 ├── third_party # 第三方依赖库和头文件
 |
 └── version.txt # 版本和编译信息
```

（6）上述步骤完成后，在 /home/dlinano/projects/PaddleX/deploy/cpp 目录下可以看到，图片预测的可执行程序包括用于图像检测的“build/demo/detector”、用于图像分类的“build/demo/classifier”以及用于图像分割的“build/demo/segmenter”。可根据对应的模型类型选择相应的可执行程序进行预测，可执行程序命令的参数及说明如表 6-5 所示。

表6-5　图片预测可执行程序命令的参数及说明

参数	说明
model_dir	导出的预测模型所在路径
image	要预测的图片文件路径
image_list	按行存储图片路径的 TXT 文件
use_gpu	是否使用 GPU 预测，支持值为 0 或 1（默认值为 0）
use_trt	是否使用 TensorRT 预测，支持值为 0 或 1（默认值为 0）
gpu_id	GPU 设备 ID，默认值为 0
save_dir	保存可视化结果的路径，默认值为 output，classifier 无该参数
batch_size	预测的批次大小，默认值为 1
thread_num	预测的线程数，默认为 CPU 处理器个数

视频预测的可执行程序包括用于视频检测的“build/demo/video_detector”、用于视频分类的“build/demo/video_classifier”以及用于视频分割的“build/demo/video_segmenter”。可根据对应的模型类型选择相应的可执行程序进行预测，可执行程序命令的参数及说明如表 6-6 所示。

表6-6 视频预测可执行程序命令的参数及说明

参数	说明
model_dir	导出的预测模型所在路径
use_camera	是否使用摄像头预测，支持值为 0 或 1（默认值为 0）
camera_id	摄像头设备 ID，默认值为 0
video_path	视频文件的路径
use_gpu	是否使用 GPU 预测，支持值为 0 或 1（默认值为 0）
use_trt	是否使用 TensorRT 预测，支持值为 0 或 1（默认值为 0）
gpu_id	GPU 设备 ID，默认值为 0
show_result	对视频文件进行预测时，是否在屏幕上实时显示可视化预测结果（因为加入了延迟处理，所以显示结果不能反映真实的帧率），支持值为 0 或 1（默认值为 0）
save_result	是否将每帧的可视化预测结果保存为视频文件，支持值为 0 或 1（默认值为 1）
save_dir	保存可视化结果的路径，默认值为 output

需要注意以下两点。

① 若系统无 GUI（Graphical User Interface，图形用户界面），则不要将 show_result 设置为 1。

② 当使用摄像头预测时，按“Esc”键即可关闭摄像头并退出预测程序。

（7）在“projects”文件夹下创建一个用于存放预测图片的“images”文件夹。本次部署的模型为垃圾分类模型，可以直接在人工智能交互式在线实训及算法校验系统 data 目录下的原始数据集中下载图片作为预测图片，也可自行使用电子设备拍照。若自行拍照，则图片中只能有一种类别的垃圾，并将拍摄的图片存放至边缘设备的“/home/dlinano/projects/images”文件夹下。

（8）存放完预测图片后，使用 PaddleX 预测命令对模型进行预测，包括单张图片预测、批量图片预测和视频监控预测 3 种预测方式。由于本次部署的模型为垃圾分类模型，主要任务为分类，因此进行图片预测时需要使用“build/demo/classifier”图像分类执行程序，进行视频监控预测时需要使用“build/demo/video_classifier”视频分类执行程序。在本次部署预测中，主要使用图片和视频文件进行预测，使用视频文件预测时，可将视频文件一并存放至“/home/dlinano/projects/images”文件夹下，视频文件可以是 MP4、M4V、WMV 等格式，可根据具体需求选择使用以下命令进行预测，使用时注意修改图片或视频文件的路径。

① 由于单张图片的预测速度较快、预测时间较短，因此此处不使用 GPU 进行单张图片预测，命令如下。

```
/home/dlinano/projects/PaddleX/deploy/cpp/build/demo/classifier --model_dir=/home/dlinano/projects/inference_model --image=/home/dlinano/projects/images/test.jpg
```

图片文件的可视化预测结果会保存在 save_dir 参数设置的目录下。

② 使用摄像头预测，命令如下。

```
/home/dlinano/projects/PaddleX/deploy/cpp/build/demo/video_classifier --model_dir=/home/dlinano/projects/inference_model --use_camera=1 --use_gpu=1 --save_dir=/home/dlinano/projects/output --save_result=1
```

当 save_result 设置为 1 时，可视化预测结果会以视频文件的格式保存在 save_dir 参数设置的目录下。

③ 使用视频文件预测，命令如下。

```
/home/dlinano/projects/PaddleX/deploy/cpp/build/demo/video_classifier --model_dir=/home/dlinano/projects/inference_model --video_path=/home/dlinano/projects/images/test.mp4 --use_gpu=1 --save_dir=output --show_result=1 --save_result=1
```

当 save_result 设置为 1 时，可视化预测结果会以视频文件的格式保存在 save_dir 参数设置的目录下。如果连接到系统桌面，通过将 show_result 设置为 1 可实现在屏幕上观看可视化预测结果。

视频文件可视化预测结果如图 6-10 所示。

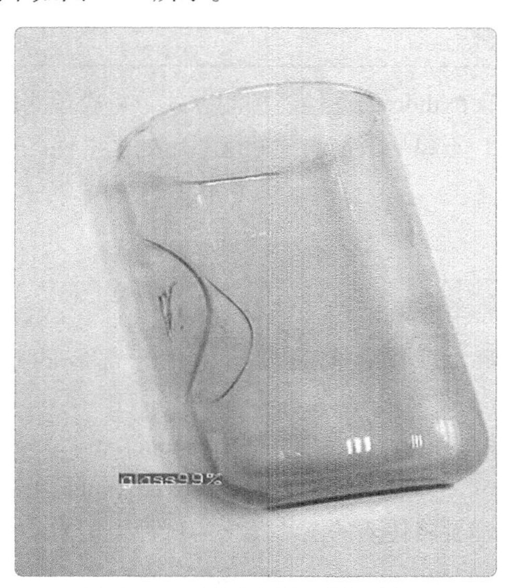

图 6-10　视频文件可视化预测结果

知识拓展

使用不同模型在同一测试环境下进行部署预测，所需的预测、执行时间各不相同，本次预测性能对比的测试环境如下。

- CUDA 版本：9.0。
- CUDNN 版本：7.5。
- PaddlePaddle 版本：1.71。
- GPU 版本：Tesla P94。

不同模型在上述测试环境中的性能对比如表 6-7 所示。

表6-7　性能对比

模型	每张图片分析预测耗时/ms	每张图片执行耗时/ms
resnet50	4.84	7.57
mobilenet_v2	3.27	5.76
unet	22.51	34.60

模型	每张图片分析预测耗时/ms	每张图片执行耗时/ms
deeplab_mobile	63.44	358.31
yolo_mobilenetv2	15.20	19.54
Faster_rcnn_r50_fpn_1x	50.05	69.58
Faster_rcnn_r50_1x	326.11	347.22
Mask_rcnn_r50_fpn_1x	67.49	91.02
Mask_rcnn_r50_1x	326.11	350.94

其中，分析预测采用的是 Python 的高性能预测方式；每次预测的图片数量均为 1，耗时单位为 ms，只计算模型运行时间，不包括数据的预处理和后处理事件。

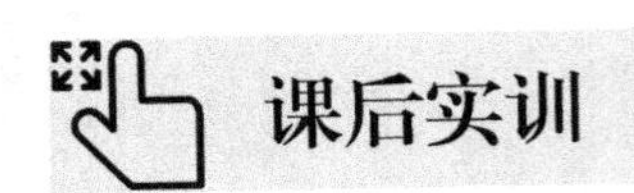

课后实训

（1）设置以下哪个参数，可以将模型导出为用于部署的 inference 部署格式的模型？（　　）【单选题】

A. export_inference　　B. model_dir

C. save_dir　　D. fixed_input_shape

（2）batch_predict() 接口需要将传入的图片转化为哪种类型？（　　）【单选题】

A. 字符串　　B. 字典

C. 整数　　D. 列表

（3）Predictor() 类中有以下哪种接口？（　　）【单选题】

A. evaluate　　B. predict

C. run　　D. train

（4）inference 部署格式的模型文件夹中包含以下哪几个文件？（　　）【多选题】

A. _model_　　B. _params_

C. model.params　　D. model.yml

（5）Predictor() 类中包含以下哪几个参数？（　　）【多选题】

A. model_dir　　B. use_gpu

C. image_file　　D. save_dir

第3篇 自然语言处理模型应用

通过对第2篇“计算机视觉模型应用”的学习，读者应该已经了解了计算机视觉模型的数据准备、模型训练与应用过程以及计算机视觉模型部署的流程等，并应掌握了计算机视觉模型在实际场景中的应用。本篇将基于PaddleHub实现自然语言处理文本类模型的应用，帮助读者学习利用PaddleHub实现自然语言处理模型应用的相关知识，使读者通过项目实施熟练掌握自然语言处理模型的数据准备、模型训练与应用以及模型的服务端部署，最终实现自然语言处理模型的应用。

项目 7 自然语言处理预训练模型数据准备

07

自然语言处理（Natural Language Processing，NLP）是一门研究计算机如何处理人类语言的技术，旨在让计算机理解并解释人类的表达、说话方式。其主要研究方向包括文本分类、信息抽取、文本生成、问答系统、文本挖掘、语音识别、语音合成和机器翻译等。

自然语言处理需要使用海量的数据对模型进行训练。在机器学习中，较为基础的一项工作就是数据准备。将大量的数据通过处理缺失数据、处理重复数据和处理异常数据等操作，得到机器学习所需的有效数据是一项非常重要的工作。

项目目标

（1）了解常用的自然语言处理的数据集及格式。
（2）掌握文本分类数据处理方法。
（3）掌握文本分类数据集加载的方法。

项目描述

本项目将首先介绍自然语言处理的数据集及格式，接着介绍数据处理和数据集加载的方法，最后介绍如何通过 PaddleHub 工具加载处理后的文本数据集，以得到可用于模型训练与应用的数据。

知识准备

7.1 自然语言处理的数据集及格式

自然语言处理的数据集通常有文本类、语音类和图像类数据集，其中文本类数据集的格式主要为 JSON 格式、TXT 纯文本格式以及表格格式等，接下来将对常用的公开数据集及其格式进行说明。

7.1.1 DuEE 数据集

百度事件抽取（BaiDu Event Extraction，DuEE）数据集是用于事件抽取的大规模通用中文文本类数据集。它由 17000 个句子组成，其中包含 20000 个事件，共涉及 65 个事件类型和相应的人工注释参数。该数据集的事件类型不仅包括传统事件抽取评估中的常见事件类型，如“婚姻”“辞职”“地震”等，还包括具有鲜明的时间特征的事件类型，这些事件类型是根据百度公司的搜索引擎中的热门搜索选择并确定的。DuEE 数据集文件包含训练集文件、验证集文件和测试集文件，其中，训练集约包含 12000 个句子，验证集约包含 1500 个句子，测试集约包含 3500 个句子，共约 17000 个句子。其数据格式采用 JSON 格式表示，示例数据格式如下。


```
{
  “text”：“2008 年北京奥运会在鸟巢举办。”，
  “event_list”：[{
    “trigger”：“北京奥运会”，
    “trigger_start_index”：6,
    “event_type”：“体育 . 奥运会”，
    “arguments”：[{
      “role”：“事件”，
      “argument”：“举办奥运会”，
      “argument_start_index”：8,
      “alias”：[]
    }, {
      “role”：“举办年份”，
      “argument”：“2008 年”，
      “argument_start_index”：0,
      “alias”：[]
    }, {
      “role”：“举办地点”，
      “argument”：“鸟巢”，
      “argument_start_index”：12,
      “alias”：[]
    }]
  }],
  “id”：“087d5c179615b00ceac0fbe78fbd39d1”
}
```


7.1.2 BSTC 数据集

百度语音翻译语料库（Baidu Speech Translation Corpus，BSTC）数据集是用于自动同声传译的大规模数据集。BSTC 1.0 包含时长共 50h 的真实演讲数据，数据集文件包括 3 个部分：音频文件、描述文件和补充文件。该数据集收集了我国普通话谈话和报道数据，包含科学、技术、文化、经济等多个方面的演讲数据。BSTC 中的描述文件采用 JSON 格式表示，示例数据格式如下。

```
{
  "wav_id" : "baidu_4" ,
  "speaker" : "Ke Sun" ,
  "offset" : "5.077" ,
  "duration" : "5.105" ,
  "wav" : "baidu_4.wav" ,
  "translation" : "So this is our last stop, and we came back to our headquarter in Beijing." ,
  "transcript" : "这是我们的最后一站了，我们回到了北京总部。"
}
{
  "wav_id" : "baidu_4" ,
  "speaker" : "Ke Sun" ,
  "offset" : "10.211" ,
  "duration" : "5.757" ,
  "wav" : "baidu_4.wav" ,
  "translation" : "I am very excited to have such a large and enthusiastic audience like you guys." ,
  "transcript" : "我很高兴有这么多像你们这样热情的观众。" ,
}
```


另外，补充文件包括“talks.txt”（用于存放演讲的内容）和“speakers.txt”（用于存放演讲者的名字），两个文件都采用 TXT 格式表示。“talks.txt”文件示例数据如图 7-1 所示，“speakers.txt”文件示例数据如图 7-2 所示。

```
baidu_4 The speech was delivered from Baidu.
baidu_6    The speech was delivered from Baidu.
baidu_11   The speech was delivered from Baidu.
```

图 7-1 “talks.txt”文件示例数据

```
4  Ke Sun
6  Liang Gao
11 Xiaoming Xu
```

图 7-2 “speakers.txt”文件示例数据

7.1.3 8 类情感分类数据集

8 类情感分类数据集的数据来源主要是微博上的一些评论内容，共 26462 条数据。该数据集是本项目所需的，其存放于人工智能交互式在线实训及算法校验系统的 data 目录下，文件名为“moods_classify8_unprocessed.xlsx”。该数据集的 8 种情感分类为 none、like、disgust、happiness、sadness、anger、surprise 和 fear，其类别标签如表 7-1 所示。

表7-1 8类情感类别标签

标签	类别	说明
0.0	none	中性
1.0	like	喜欢
2.0	disgust	厌恶

续表

标签	类别	说明
3.0	happiness	开心
4.0	sadness	悲伤
5.0	anger	愤怒
6.0	surprise	惊喜
7.0	fear	害怕

本数据集的内容为未处理过的数据，包含缺失数据、重复数据和异常数据。为了使数据能够输入模型，需要对数据集进行处理并将数据集目录生成为以下格式，方便后续调用 PaddleHub 相关接口对数据集进行加载。

```
├── data; 数据目录
  ├── moods_classify8_unprocessed.xlsx
├── train.txt; 训练集数据
└── test.txt; 测试集数据
```

该数据集文件中包含训练集数据文件“train.txt”和测试集数据文件“test.txt”。训练集用于训练模型，测试集用于测试和验证模型。在实际项目中，可以根据具体需求，额外生成用于验证的验证集数据文件。

建议所生成的训练集、测试集和验证集的数据文件的编码格式采用 UTF-8 格式。数据文件内容的第一列是文本类别标签，第二列为文本内容，列与列之间以制表符分隔。建议在数据集文件第一行填写列说明“label”和“text”，中间以制表符分隔，示例数据如下。

```
label	text
3.0	咱的战争结束了。
2.0	这注定是一台“多灾多难”的计算机！
0.0	将红豆、薏米放入高压锅煮 20 分钟，喝汤吃豆。
```

7.2 PaddleHub 介绍

PaddleHub 是一个深度学习模型开发工具。它提供了可供百亿级大数据训练的预训练模型，利用它可简化模型训练和使用的流程。在 PaddleHub 中可以便捷地获取这些预训练模型，完成模型的管理和一键预测。

通过 PaddleHub，开发者可以便捷地获取 PaddlePaddle 生态下的所有预训练模型，包括文本分类模型、词法分析模型、语义模型、情感分析模型、语言模型、图像分类模型、目标检测模型和视频分类模型等。本项目将使用 PaddleHub 对数据集和模型进行加载，并将数据集和模型用于后续的模型训练和部署，通过以下命令安装 PaddleHub。

```
pip install paddlehub
```

PaddleHub 安装完成后就可以通过调用 PaddleHub 集成的各种函数对数据集和模型进行加载。

7.3 文本分类数据处理方法

本项目所使用的 8 类情感分类数据集中，存在许多缺失数据、重复数据以及异常数据。接下来介绍使用以下相关函数对这些数据进行查找和处理，以便后续进行文本数据加载和模型训练。用于进行文本数据查找和处理的相关函数如下。

- isnull()：查找是否存在缺失数据。
- drop()：删除数据。
- fillna()：填充缺失数据。
- duplicated()：查找重复数据。
- drop_duplicates()：删除重复数据。

查找异常数据的常用方法是使用箱线图，然后将查找到的异常数据删除。

7.4 文本分类数据集加载方法

了解了文本数据处理的方法后，接下来介绍文本分类数据集的加载方法，以便后续进行模型的训练和调用。

7.4.1 文本分类数据集加载过程

接下来介绍有关文本分类数据集的通用加载过程。在 PaddleHub 中已经集成了文本分类数据与处理流程的全过程，在本项目中不需要对数据进行文本分词、数据填充和截断等处理，直接使用 PaddleHub 加载数据集即可。加载自定义数据集的流程如图 7-3 所示。

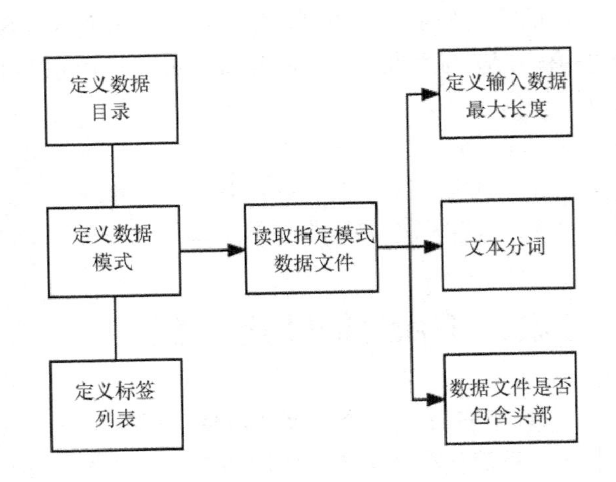

图 7-3 加载自定义数据集的流程

在文本分类数据集的加载过程中，首先需要定义数据目录、数据模式以及标签列表，然后根据指定的数据模式读取相应的数据文件，接着对读取到的文本数据进行文本分词和判断是否包含头部，再根据输入文本的长度对文本数据进行填充和截断等数据处理操作，使文本数据转化为模型可接收的数据形式。下面介绍这些文本数据处理操作的实现方法。

（1）文本分词

读取文本数据后，为了使文本数据能够转化为模型可以接收的输入数据形式，需要将读取到的文本数据进行文本分词。举个文本分词的例子：输入文本“今天是个好天气。”进行文本分词之后，可以得到的如下结果。

```
{'word': ['今天', '是', '个', '好天气', '。'], 'tag': ['TIME', 'v', 'q', 'n', 'w']}
```

根据结果可以看到，文本分词操作是将文本切分成多个文本词语，其中第一组数据是将文本切分为不同的词类标记得到的，依次为时间词、动词、量词、名词、标点符号，第二组数据则是对应词类标记的代码标记。

（2）数据填充和截断

由于神经网络的输入要求有固定的长度，因此需要对每个句子进行长度处理。设置 max_seq_len（固定长度），即模型能够使用的最大序列长度。可以先观察语料中句子的分布，再设置合理的 max_seq_len 值，以最高的“性价比”完成句子分类任务。对于长度小于 max_seq_len 的值的句子，需要使用填充符号 ['pad'] 进行填充，以保证长度等于 max_seq_len 的值。以“今天是个好天气。”为例，按填充的位置，填充可分为前向填充和后向填充。

前向填充：['pad'] 今天是个好天气。

后向填充：今天是个好天气。['pad']

不同的填充方式会对模型训练效果有不同的影响，一般比较倾向于选择后向填充。

而对于长度大于 max_seq_len 的值的句子，则需要截断多余的部分。同理，按截断的方向，截断可分为前向截断和后向截断。

前向截断：是个好天气。

后向截断：今天是个

考虑到正常的评论通常都会选择在开头表达明确的立场，所以一般都会选择后向截断，这样模型训练的效果可能会更好。表 7-2 所示为数据填充和截断的示例。

表7-2　数据填充和截断的示例

…	…	…	…		
我	很	开心	['pad']		
这	是	部	好	电影	
我	非常	喜欢	这	部	电影
…	…	…	…		

通过上述的数据填充和截断处理，就能保证输入神经网络的向量大小是固定的，可满足神经网络对输入文本的要求。

7.4.2　数据集加载

本项目的情感分类数据集使用 PaddleHub 进行加载。由于使用的是自定义的情感分类数据集，因此需要自定义的数据集类 MyDataset 来使数据能够输入模型进行训练。自定义数据集类需要继承基类 TextClassificationDataset，具体需要进行以下设置。

- base_path：定义存放数据集的根目录，用于后续读取目录下的数据文件。
- label_list：定义标签列表，列表中的标签与数据文本中的标签一致。

● tokenizer：定义模型文本分词器，其表示将对输入文本完成分词，将原始输入文本转化成模型可以接收的输入数据形式。

● max_seq_len：定义模型使用的最大序列长度，即每条数据的最大长度，若出现显存不足的问题，则可适当调低这一参数。

● mode：定义数据模式，可选项有 train、test 和 val，默认值为 train，即表示选择训练集数据。

● data_file：定义读取指定模式的数据文件，根据所选择的数据模式读取对应的数据文件。

● is_file_with_header：定义是否包含头部，设置为 True 表示数据文件中包含头部信息如“label”和“text_a”，若设置为 False 则表示数据文件中不包含头部信息。

具体实现数据集加载可以参考如下代码。

```
# 自定义数据集
from paddlehub.datasets.base_nlp_dataset import TextClassificationDataset

class MyDataset(TextClassificationDataset):
    # 数据集存放目录
    base_path = '/path/to/dataset'
    # 数据集的标签列表
    label_list=['体育','科技','社会','娱乐','股票','房产','教育','时政','财经','游戏','家居','彩票','时尚']

    def __init__(self, tokenizer, max_seq_len: int = 128, mode: str = 'train'):
        if mode == 'train':
            data_file = 'train.txt'
        elif mode == 'test':
            data_file = 'test.txt'
        else:
            data_file = 'dev.txt'
        super().__init__(
            base_path=self.base_path,
            tokenizer=tokenizer,
            max_seq_len=max_seq_len,
            mode=mode,
            data_file=data_file,
            label_list=self.label_list,
            is_file_with_header=True)


# 选择所需要的模型，获取对应的 tokenizer
import paddlehub as hub
model = hub.Module(name='ernie_tiny', task='seq-cls', num_classes=len(MyDataset.label_list))
tokenizer = model.get_tokenizer()
```

```
# 实例化训练集
train_dataset = MyDataset(tokenizer)
```

项目实施 | 处理、拆分和加载情感分类数据集

7.5 实施思路

基于对项目描述以及知识准备内容的学习，读者应该已经了解了有关文本分类数据集的相关操作。接下来将对人工智能交互式在线实训及算法校验系统中 data 目录下的 8 类情感分类数据集进行查看，同时对数据集进行相关处理，将处理后的数据集拆分为训练集和测试集，并将数据加载至对应的变量中，用于后续的模型训练。具体需要通过以下步骤实现。

（1）导入项目所需库。

（2）查看数据集。

（3）处理数据集。

（4）拆分数据集。

（5）加载数据集。

7.6 实施步骤

步骤 1：导入项目所需库

首先将项目所需的 Python 库全部导入，代码如下。

```
# 导入项目所需库
import pandas as pd
import numpy as np
import matplotlib.pyplot as plt
from collections import Counter
import paddlehub as hub
import paddle
from sklearn.model_selection import train_test_split
from paddlehub.datasets.base_nlp_dataset import TextClassificationDataset
```

步骤 2：查看数据集

采用 read_excel() 函数读取数据集格式为 .XLSX 的文件，代码如下。

```
df = pd.read_excel( './data/moods_classify8_unprocessed.xlsx' ) # 读取数据
```

读取数据后，使用 head() 函数查看数据，代码如下。

```
df.head(10) # 查看前 10 条数据
```

输出结果为前 10 条数据的情况如表 7-3 所示。若想查看不同行数的数据，可对应修改 head() 函数中的变量，默认值为 5。

表7-3　查看前10条数据

序号	num	text	label
0	1	瞧着这小样儿，突然间感动了，爸妈怎么把我拉扯大的呀~~~	3.0
1	2	习惯和凑合的力量何其强大，改变总是被逼到无法接受的程度后才会发生，这时仍要忍受数小时的漫长……	0.0
2	3	5. 尽量在 7 点前起床，这样有利于排出宿便。	0.0
3	4	原来不知道从何时开始，我已经不再是儿童了，不再是那个可以撒娇的小孩子了！	2.0
4	5	宝贝，节日快乐。	1.0
5	6	我们还要这样的阳光吗？	5.0
6	7	据说济南最低温度为 24 摄氏度，可今天青岛最高温度才 21 摄氏度……	6.0
7	8	据说济南最低温度为 24 摄氏度，可今天青岛最高温度才 21 摄氏度……	6.0
8	9	这才是你的舞台啊！！！	5.0
9	10	享受每一刻的感觉，欣赏每一处的风景，这就是人生。	0.0

接着使用 info() 函数查看数据集信息，代码如下。

```
df.info() # 查看数据集信息
```

输出结果如下。

```
<class 'pandas.core.frame.DataFrame'>
RangeIndex: 26462 entries, 0 to 26461
Data columns (total 3 columns):
 #   Column  Non-Null Count  Dtype
---  ------  --------------  -----
 0   num     26462 non-null  int64
 1   text    26432 non-null  object
 2   label   26455 non-null  float64
dtypes: float64(1), int64(1), object(1)
memory usage: 620.3+ KB
```

根据结果可以看到，数据总共有 26462 条。num 列的数据类型为 int，text 列的数据类型为 object。特别需注意 label 列的数据类型为 float，后续进行数据集拆分时，需要将“label”列定义为浮点数，否则无法拆分。

步骤 3：处理数据集

查看完数据集信息之后，需要对数据集进行处理，包括对缺失数据、重复数据、异常数据的处理。

（1）首先对缺失数据进行处理。由于文本数据集的数据量比较大，不宜采用 isnull() 函数直接查看全部文本数据，可添加 any() 函数查看是否存在缺失数据，代码如下。

```
df.isnull().any() # 查看是否存在缺失数据
```

输出结果如下。

```
num     False
text    True
label   True
dtype: bool
```

根据结果可以看到，text 和 label 列中均存在缺失数据，可使用以下代码查看缺失数据，代码如下。

```
df[df.isnull().values==True] # 查看缺失数据
```

缺失数据总量如下，可以看到一共有 37 条缺失数据。

```
37 rows × 3 columns
```

输出结果如表 7-4 所示。

表7-4 查看缺失数据

序号	num	text	label
17	18	NaN	0.0
47	48	NaN	0.0
92	93	NaN	0.0
367	368	NaN	0.0
……	……	……	……
20380	20381	NaN	0.0
20478	20479	NaN	0.0
20569	20570	NaN	0.0
23780	23781	NaN	5.0

（2）由于相对总数据来说，缺失数据较少且在文本情感分类的数据中填充数据的意义不大。因此，在查找出缺失数据之后，采用直接删除的方式进行处理，代码如下。

```
df.dropna(subset = [ 'text' , 'label' ], axis = 0, how = 'any' , inplace = True)
#subset = [ 'text' , 'label' ] 表示进行操作的列为 text 和 label 列
#axis：轴，值为 0 或 index，表示按行删除；值为 1 或 columns，表示按列删除
#how：筛选方式，any 表示该行 / 列只要有一个以上的空值，就删除该行 / 列；all 表示该行 / 列全部都为空值，就删除该行 / 列
#inplace：值为 True 则表示在原 DataFrame 数据上进行修改操作
```

处理完成后再次检查是否存在缺失数据，代码如下。

```
df.isnull().any() # 再次检查是否存在缺失数据
```

输出结果如下。

```
num    False
text   False
label  False
```

```
dtype: bool
```

根据结果可以看到所有列均不存在缺失数据，即完成缺失数据处理操作。

（3）接下来对重复数据进行处理。由于 label 列的数字表示情感分类，存在重复数据为正常情况，因此只对 text 列进行重复数据处理。使用 duplicated() 函数查找重复数据，代码如下。

```
df[df.duplicated( 'text' )] # 查找 text 列的重复数据
```

重复数据总量如下。

```
13537 rows × 3 columns
```

可以看到，一共有 13537 条重复数据。

输出结果如表 7-5 所示。

表7-5　查看重复数据

序号	num	text	label
7	8	据说济南最低温度为 24 摄氏度，可今天青岛最高温度才 21 摄氏度……	6.0
109	110	地动山摇！	0.0
154	155	每一个人都应该经常问自己：我为国为家做过些值得骄傲的贡献吗?	0.0
200	201	一半在尘土里安详，一半在风里飞扬，一半洒落阴凉，一半沐浴阳光。	0.0
220	221	……突然觉得……	0.0
……	……	……	……
26457	26458	目光呆滞、反应迟钝、四肢无力，就差发烧了，自己还美滋滋地说帅得不行！	2.0
26458	26459	每天上班都是相同的路，真的想走不一样的路，有一天下很大的雨，要绕路走，结果那天迷了路……	6.0
26459	26460	转眼间，网络科幻小说《悟空传》已 10 年了，即使 10 年后昨晚重读仍让人记忆犹新，记得玄奘说的一句……	0.0
26460	26461	默默等到点开门后，大叔讥笑我，你怎么又睡过头啊……	5.0
26461	26462	我国文化传媒行业的细分又进入了一个新的阶段。	0.0

（4）接着使用 drop_duplicates() 函数对重复数据进行删除，代码如下。

```
df.drop_duplicates(subset = 'text' , keep = 'first' , inplace = True)
# subset：需要进行操作的列名，可输入多列，形式为 subset=[ 'list1' , 'list2' ]
#keep：对重复数据进行处理的方式，可选值为 first、last、False，默认值为 first，即保留重复数据的第一条。若值为 last 则保留重复数据的最后一条，若值为 False 则删除全部重复数据
#inplace：是否对原数据进行操作，True 表示对原数据进行操作
```

删除之后再次检查是否存在重复数据，代码如下。

```
df.duplicated( 'text' ).any() # 再次检查是否存在重复数据
```

输出结果为 False 则表示数据中不存在重复数据，即完成重复数据处理操作。

（5）接着对异常数据进行处理，首先绘制箱线图对异常数据进行检测，代码如下。

```
# 绘制箱线图（1.5 倍的四分位差）
plt.boxplot(x = df.label, # 指定绘制箱线图的数据
        whis = 1.5, # 指定 1.5 倍的四分位差
```

```
            widths = 0.8, # 指定箱线图的宽度为 0.8
            patch_artist = True, # 指定需要填充箱体颜色
            showmeans = True, # 指定需要显示均值
            boxprops = { 'facecolor' : 'steelblue' }, # 指定箱体的填充色为铁蓝色
    # 指定异常点的填充色、边框色和大小
                flierprops = { 'markerfacecolor' : 'red' , 'markeredgecolor' : 'red' ,
'markersize' :4},
    # 指定均值点的填充色和大小
            meanprops = { 'marker' : 'D' , 'markerfacecolor' : 'black' , 'markersize' :4},
    # 指定中位数线的类型和颜色
            medianprops = { 'linestyle' : '--' , 'color' : 'orange' },
    # 指定中位数的标记符号（虚线）和颜色
            labels = [ '' ] # 去除箱线图的 x 轴刻度值
          )
    # 显示图形
    plt.show()
```

输出结果如图 7-4 所示，可以看出至少存在 3 个异常数据。

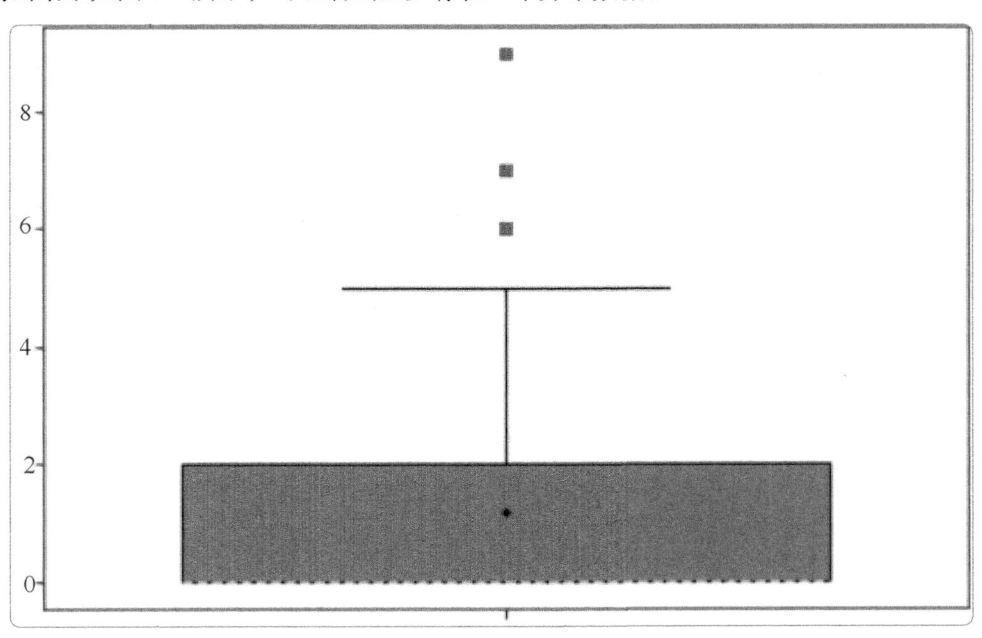

图 7-4　绘制箱线图结果

（6）接下来通过计算对应的数值就可以查看具体的异常数据，代码如下。

```
# 计算下四分位数和上四分位数
Q1 = df.label.quantile(q = 0.25)
Q3 = df.label.quantile(q = 0.75)
# 基于 1.5 倍的四分位差计算上须和下须对应的值
low_whisker = Q1 - 1.5*(Q3 - Q1)
up_whisker = Q3 + 1.5*(Q3 - Q1)
```

```
# 寻找异常点
df2 = df.label[(df.label > up_whisker) | (df.label < low_whisker)]
# 统计异常数据
print(Counter(df2))
```

输出结果如下。

```
Counter({6.0: 306, 7.0: 112, 9.0: 9})
```

根据输出结果可以看到，异常数据为 6、7 和 9，但通过知识准备中数据集的说明和输出结果可知，数据中的 6 和 7 为正确数据，但由于数量比较少，因此才会被检查为异常数据，9 才是真正的异常数据。

（7）接下来可以先查看异常数据 9，代码如下。

```
df[df['label'] == 9.0] # 查看异常数据
```

输出结果如表 7-6 所示，共有 9 条异常数据。

表7-6　查看异常数据

序号	num	text	label
1758	1759	让我们的生活一直有新鲜感。	9.0
2503	2504	所以不要那么轻易许下承诺	9.0
2618	2619	我手头刚好有本 1947 年 11 月第一版的书，下为插图	9.0
11654	11655	没什么原因，也许只是一个温和的笑容，一句关切的问候。	9.0
11863	11864	（中国新闻网）	9.0
11950	11951	精英大赛新店赛与复活赛即将拉开序幕，来自 7 个大区的复活选手以及 10 家店的选手将争夺总决赛最后……	9.0
12038	12039	4. 缅甸国家队夺魁。	9.0
12131	12132	康康女两岁左右。	9.0
22197	22198	接龙第 4 棒还请浙江李明发表观点。	9.0

（8）查看完异常数据后，使用 drop() 函数将其删除，代码如下。

```
df.drop((df[df['label']==9.0]).index, inplace = True) # 删除异常数据
```

删除后再次检查是否存在异常数据，代码如下。

```
(df['label']==9.0).any() # 再次检查是否存在异常数据
```

输出结果为 False 则表示数据中不存在异常数据，即完成异常数据处理操作。

（9）经过以上步骤后，便完成了数据清洗操作，可使用 info() 函数再次查看处理完成的数据，以便后续进行数据拆分验证，代码如下。

```
df.info() # 再次查看数据集信息
```

输出结果如下。

```
<class 'pandas.core.frame.DataFrame'>
Int64Index: 12879 entries, 0 to 26052
Data columns (total 3 columns):
 #   Column  Non-Null Count  Dtype
```

```
---  ------  --------------  -----
 0  num     12879 non-null  int64
 1  text    12879 non-null  object
 2  label   12879 non-null  float64
dtypes: float64(1), int64(1), object(1)
memory usage: 402.5+ KB
```

根据结果可以看到，数据量由原来的 26462 条变成了 12879 条，处理后的数据将用于后续数据集拆分的对比验证。

（10）使用 describe() 函数查看数据集中每条数据的长度，用于加载数据集时设定输入数据的最大长度，代码如下。

```
df['text'].str.len().describe() # 查看数据的长度
```

输出结果如下。

```
count    12878.000000
mean        28.289517
std         22.375412
min          1.000000
25%         13.000000
50%         22.000000
75%         37.000000
max        320.000000
Name: text, dtype: float64
```

根据结果可以看到，数据集文本长度最长为 320，平均值约为 29。

步骤 4：拆分数据集

处理完数据后需对数据集进行拆分，建议拆分后的训练集和测试集的数据文件的编码格式为 UTF-8 格式。数据集文件中第一列是文本类别标签，第二列为文本内容，列与列之间以制表符分隔。

接下来使用 train_test_split() 函数将处理之后的数据拆分为训练集和测试集，设置测试集的比例（设置 test_size 的值）为 0.2，对应训练集的比例为 0.8，将拆分的数据以“label [\t] text”的格式写入对应的文件夹。本次仅将数据集拆分为训练集和测试集，对验证集无要求，代码如下。

```
# 拆分数据集，保存格式为 " label[\t]text"
# 选择需要进行拆分的列数据
train_labled = df[['label', 'text']]
# 使用 train_test_split() 函数进行数据拆分
train, test = train_test_split(train_labled, test_size=0.2, random_state=2021)
# 写入训练数据
train.to_csv('train.txt', index=False, header=False, sep='\t')
# 写入测试数据
test.to_csv('test.txt', index=False, header=False, sep='\t')
```

将数据集拆分后，需要验证拆分后的数据量与拆分前的数据量是否一致，代码如下。

```
# 拆分后的数据文件路径
```

```
txt_list = [ 'train.txt' , 'test.txt' ]
# 用于计算数据量
l = 0
for file in txt_list:
    with open(file, 'r' )as f:
        l += len(f.readlines())
print( "拆分后的数据量为：" , l)
```

若输出结果为 12879，与拆分前的数据量一致，则表示拆分后的数据无误。

步骤 5：加载数据集

验证数据无误后，使用 PaddleHub 加载文本分类的自定义数据集。在知识准备部分已经介绍了 PaddleHub 集成了文本分词和截断等操作，因此只需要配置好相关参数即可完成对数据集的加载。

首先设定数据的根目录为 data。由于数据中的标签列为浮点数，因此要将自定义数据的标签列表设置为浮点数形式的字符串标签列表。根据前面得到的数据长度信息，设置最大输入长度为 128。设置加载的默认模式为 train，即读取“train.txt”数据文件加载训练数据；若需加载测试数据，则将设置数据模式的参数 mode 的值修改为 test 即可。同时加载预训练模型 ernie_tiny，获取对应的 tokenizer 用于实例化数据集，具体代码如下。


```
# 自定义数据集
from paddlehub.datasets.base_nlp_dataset import TextClassificationDataset

class MyDataset(TextClassificationDataset):
    # 数据集存放目录
    base_path = 'data'
    # 数据集的标签列表
    label_list=[ '0.0' , '1.0' , '2.0' , '3.0' , '4.0' , '5.0' , '6.0' , '7.0' ]

    def __init__(self, tokenizer, max_seq_len: int = 128, mode: str = 'train' ):
        # 当模式为 train 时读取"train.txt"文件
        if mode == 'train' :
            data_file = 'train.txt'
        # 当模式为 test 时读取"test.txt"文件
        elif mode == 'test' :
            data_file = 'test.txt'
        # 否则读取"dev.txt"文件
        else:
            data_file = 'dev.txt'
        super().__init__(
            # 数据集存放目录
            base_path=self.base_path,
            # 模型获取的 tokenizer，用于文本分词
            tokenizer=tokenizer,
```

```
            # 输入数据最大长度
            max_seq_len=max_seq_len,
            # 数据模式
            mode=mode,
            # 模式数据文件
            data_file=data_file,
            # 标签列表
            label_list=self.label_list,
            # 是否包含文件头部信息
            is_file_with_header=False)

    # 加载 ernie_tiny 模型
    model = hub.Module(name='ernie_tiny', task='seq-cls', num_classes=
len(MyDataset.label_list))

    # 选择所需要的模型，获取对应的 tokenizer
    tokenizer = model.get_tokenizer()

    # 实例化训练集
    train_dataset = MyDataset(tokenizer)
    # 实例化测试集
    test_dataset = MyDataset(tokenizer, mode='test')
```

输出结果如下。

```
[INFO] - Already cached /home/.paddlenlp/models/ernie-tiny/ernie_tiny.pdparams
[INFO] - Found /home/.paddlenlp/models/ernie-tiny/vocab.txt
[INFO] - Found /home/.paddlenlp/models/ernie-tiny/spm_cased_simp_sampled.model
[NFO] - Found /home/.paddlenlp/models/ernie-tiny/dict.wordseg.pickle
```

至此，数据准备操作完成，加载完成的模型及数据集将用于后续进行模型训练。

知识拓展

经过对本项目的学习，读者应该已经了解了部分公开数据集，如 DuEE 数据集、BSTC 数据集等，这些数据集需要依靠企业或者个人专项收集和整理，并对公众开放。接下来介绍百度 AI 公开数据集（Baidu Research Open-Access Dataset，BROAD）中常用于文本数据处理的百度阅读理解数据集 DuReader。

百度阅读理解数据集 DuReader 是规模极大的中文开放领域的阅读理解数据集。该数据集标注了问题类别、实体和观点等信息，解决了现在主流数据集对主观观点覆盖不足的问题。百度公司首批发布的阅读理解数据集 DuReader 包含约 20 万个问题、100 万个文档及 42 万条人工撰写的优质答案，并提供开源基线系统。DuReader 数据集可为阅读理解技术的研究提供大力支持，有助于加速相关技术和应用的发展。

课后实训

（1）以下哪个函数可用于查看数据是否存在缺失？（　　）【单选题】

A. isnull()　　B. isdigit()

C. isspace()　　D. isalpha()

（2）以下哪个函数可用于查看数据是否存在重复？（　　）【单选题】

A. replace()　　B. dump()

C. duplicated()　　D. info()

（3）以下哪个函数可用于删除重复数据？（　　）【单选题】

A. drop()　　B. del()

C. remove()　　D. drop_duplicates()

（4）使用 dropna() 函数处理数据时添加以下哪个参数表示在原数据上修改？（　　）【单选题】

A. axis　　B. inplace

C. how　　D. subset

（5）当数据量比较大时，需要结合使用以下哪两个函数来查看数据是否存在缺失？（　　）【多选题】

A. isnum()　　B. isnull()

C. any()　　D. all()

项目 8

自然语言处理预训练模型训练与应用

08

自然语言处理涉及计算机与人类语言之间的交互，主要研究如何通过编程使计算机大量分析和处理自然语言数据。该技术的目标是使计算机能够理解自然语言，包括发现语言的上下文细微差别，准确地提取语言中包含的信息和观点等。目前自然语言处理已经应用于中国古籍数字化、异体字智能识别、少数民族语言机器翻译等方面。自然语言处理技术的发展将增强中华文明传播力影响力。

项目目标

（1）了解自然语言处理的基本任务。
（2）掌握文本分类任务的基本原理。
（3）能够针对应用场景训练文本分类预训练模型。
（4）能够应用文本分类模型进行预测。

项目描述

本项目将首先介绍自然语言处理的基本任务，然后介绍文本分类任务的基本原理，最后介绍情感分类模型的应用，使读者掌握自然语言处理预训练模型训练与应用的方法。

知识准备

8.1 自然语言处理基本任务

自然语言处理领域的基本任务，主要包括自然语言生成（Natural Language Generation，NLG）和自然语言理解（Natural Language Understanding，NLU）两种。

自然语言生成是指计算机基于某些必要信息，通过学习规划过程，生成高质量自然语言文本。其任务主要包括文本摘要、机器翻译和问答系统。

自然语言理解是所有支持计算机理解文本内容的方法的总称。其任务主要包括文本分类、词法分析、句法分析、语义分析、文本匹配、信息抽取以及阅读理解等。接下来介绍文本分类任务的基本原理。

8.2 文本分类任务

实现文本分类任务包含 3 个步骤，即文本预处理、文本表示以及分类模型构建。接下来将对上述 3 个步骤进行解释。

8.2.1 文本预处理

文本预处理的目标是将人类使用的自然语言转换为机器能够识别的符号语言。如图 8-1 所示，文本预处理包含分词、去停用词、归一化和词性标注 4 个过程。

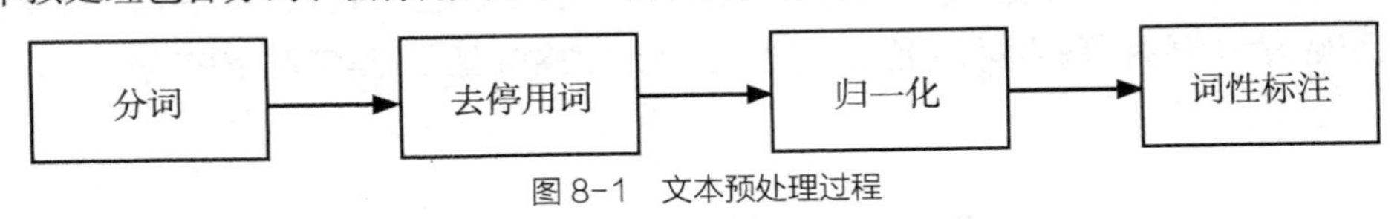

图 8-1 文本预处理过程

文本预处理的 4 个过程的具体说明如下。

● 分词：指将文本分成单个的词语。一般来讲，所有的自然语言处理任务基本上都要对文本进行分词处理，因为词是最小的语义单元。

● 去停用词：指去掉对于分类任务没有作用的词。目前一些通用的停用词词典中大约有 2000 个词，主要包括一些助词和连接词，如“啊”“并且”“因此”等。

● 归一化：指将某一类数据归一化为某一标签。如将数字归一化为 DIGIT 标签、将时间归一化为 TIME 标签，以及将“今天”“明天”等表示时间的词归一化到 TIME 标签等。

● 词性标注：指将文本中的词汇按词性进行分类并标注。在文本长度比较短的情况下，单纯的文本信息太少，一般会把词性也作为文本特征输入分类器。

8.2.2 文本表示

文本表示主要是将文本表示为向量。由于计算机只能进行数值计算，因此需要将文本表示为数值型向量，以方便计算机进行下一步的计算。

文本表示常用独热方法。独热方法就是把文本中所有的字都变成一个字典的形式，接着用“0”或“1”表示文本中的每个字。以文本“性相近，习相远”为例，如表 8-1 所示，共有 6 个需要表示的字和 1 个需要表示的标点符号。要对文本进行数值表示，就需要找出每个字和标点符号在字典中出现的位置，把该位置填为“1”，否则填为“0”。

表8-1 “性相近，习相远”的独热方法表示

	性	相	近	，	习	相	远
性	1	0	0	0	0	0	0
相	0	1	0	0	0	0	0
近	0	0	1	0	0	0	0
，	0	0	0	1	0	0	0
习	0	0	0	0	1	0	0
相	0	0	0	0	0	1	0
远	0	0	0	0	0	0	1

其中，“性”字可表示为 [1,0,0,0,0,0,0]，只有一个 1，其他维度上都是 0。第一个“相”字则表示为 [0,1,0,0,0,0,0]，以此类推，那么整句话就可以表示为 [1,0,0,0,0,0,0]+[0,1,0,0,0,0,0]+[0,0,1,0,0,0,0]+…+[0,0,0,0,0,0,1]=[1,1,1,1,1,1,1]。

8.2.3 分类模型构建

用于构建文本分类模型的传统机器学习算法有很多，如图 8-2 所示，常见的包括 k 近邻算法（KNN 算法）、支持向量机算法（SVM 算法）、随机森林算法（RF 算法）、朴素贝叶斯算法（NB 算法）等。

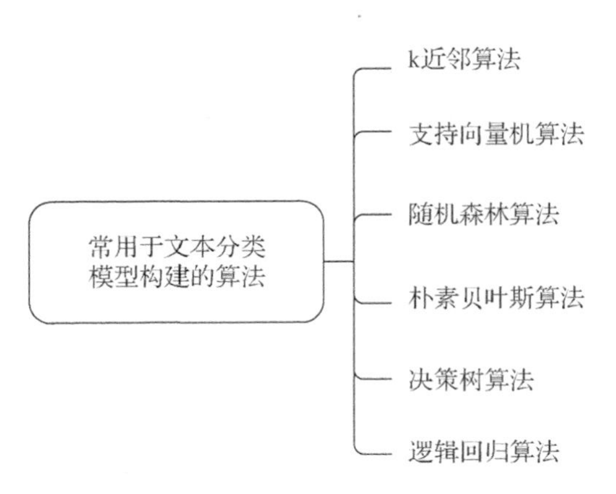

图 8-2 常用于文本分类模型构建的算法

PaddleHub 集成了很多用于自然语言处理文本分类任务的神经网络模型，如用于自然语言处理文本类的 ernie、ernie_tiny、simnet_bow 等，同时这些模型也可用于情感分类任务。本项目主要使用 PaddleHub 中的 ernie_tiny 模型进行情感分类模型的训练和应用，相比于其他模型，ernie_tiny 模型体积较小，同时模型的预测速度较快。

项目实施 | 配置、训练和评估情感分类模型

8.3 实施思路

基于对项目描述和知识准备内容的学习，读者应该已经对自然语言处理的基本任务以及文本分类任务的基本原理有了一定的理解。接下来将针对文本情感分析场景，使用项目 7“自然语言处理预训练模型数据准备”中已加载完成的数据和 PaddleHub 预训练模型，通过选择模型的优化策略及设置运行配置，启动模型进行训练，接着对训练模型进行评估。训练、评估完成后，加载训练后保存的最优模型。最后使用自定义预测数据对加载的模型进行预测，并查看返回结果是否与预期结果一致。本项目的实施步骤如下。

（1）准备数据。

（2）配置模型。

（3）训练模型。

（4）评估模型。

（5）预测结果。

8.4 实施步骤

步骤 1：准备数据

我们在项目 7“自然语言处理预训练模型数据准备”中已将文本数据集进行了处理，本项目需要用该数据集进行模型训练。加载该数据集的代码如下。

```
# 自定义数据集
from paddlehub.datasets.base_nlp_dataset import TextClassificationDataset

class MyDataset(TextClassificationDataset):
  # 数据集存放目录
  base_path = 'data'
  # 数据集的标签列表
  label_list=[ '0.0' , '1.0' , '2.0' , '3.0' , '4.0' , '5.0' , '6.0' , '7.0' ]

  def __init__(self, tokenizer, max_seq_len: int = 128, mode: str = 'train' ):
    # 当模式为 train 时读取“train.txt”文件
    if mode == 'train' :
      data_file = 'train.txt'
    # 当模式为 test 时读取“test.txt”文件
    elif mode == 'test' :
      data_file = 'test.txt'
```

```
        # 否则读取"dev.txt"文件
        else:
            data_file = 'dev.txt'
        super().__init__(
            # 数据集存放目录
            base_path=self.base_path,
            # 模型获取的 tokenizer，用于文本分词
            tokenizer=tokenizer,
            # 输入数据最大长度
            max_seq_len=max_seq_len,
            # 数据模式
            mode=mode,
            # 模式数据文件
            data_file=data_file,
            # 标签列表
            label_list=self.label_list,
            # 是否包含文件头部信息
            is_file_with_header=False)

import paddlehub as hub
# 加载 ernie_tiny 模型
model = hub.Module(name= 'ernie_tiny' , task= 'seq-cls' , num_classes=
len(MyDataset.label_list))

# 选择所需要的模型，获取对应的 tokenizer
tokenizer = model.get_tokenizer()

# 实例化训练集
train_dataset = MyDataset(tokenizer)
# 实例化测试集
test_dataset = MyDataset(tokenizer, mode= 'test')
```

上述代码执行完成后，既会完成训练集和测试集的实例化，也会完成 ernie_tiny 模型的加载。接下来需要选择模型优化策略和设置运行配置，之后便可以开始模型训练。

步骤 2：配置模型

数据集和模型加载完成后，接下来则是对模型进行配置，包括选择优化策略和设置运行配置。选择优化策略时，PaddlePaddle 中提供了如 SGD 优化器、Adam 优化器、Adamax 优化器等多种优化器以供选择。这里选择 Adam 优化器对模型进行优化，因为 Adam 优化器是自适应调整学习率的优化器，能够动态调整每个参数的学习率，从而缩短模型的训练时间。优化器参数说明如下。

- learning_rate：全局学习率，用于参数更新的计算。默认值为 1e-3，本项目设置为 5e-5 是为了提高模型的训练速度，该参数的值可根据模型训练情况设定，小的学习率对应的训练速度低，但能将模型损失降到较低。

- parameters：待优化模型参数，可直接从模型获取。

选择完优化器，设置控制模型训练的运行配置，其参数说明如下。

- model：被优化的模型。
- optimizer：优化器选择。
- use_gpu：是否使用 GPU 训练。默认不使用，即值为 False；若要使用 GPU 提高训练速度，则设置为 True。该参数的值可根据具体需求设定，此处无要求。
- use_vdl：是否使用 VisualDL 可视化训练过程，可根据具体需求设定，此处无要求。
- checkpoint_dir：保存模型参数的地址，此处设置为保存到“ckpt”文件夹下，若没有该文件夹则会自动生成。
- compare_metrics：保存最优模型的衡量指标，可根据具体需求设定，此处无要求。

了解完模型优化器及运行配置的具体参数信息后，接下来即可对模型进行配置，代码如下。

```
import paddle
# 优化策略
optimizer = paddle.optimizer.Adam(learning_rate=5e-5, parameters=model.parameters())
# 运行配置
trainer = hub.Trainer(model, optimizer, checkpoint_dir= './ckpt' , use_gpu=True)
```


步骤 3：训练模型

选择完优化策略和设置完运行配置之后，使用 train() 函数训练模型，该函数包含以下参数可根据具体需求设置。

- train_dataset：训练时所用的数据集。
- epochs：训练轮数，此处为了节省时间，设置为 3，可根据具体需求设定。
- batch_size：训练的批次大小，由于前面设置使用 GPU，因此此处设置为 32。在 GPU 承受范围内，设置的值越大，每轮训练速度越快，若不使用 GPU，则需根据实际情况调整该参数。
- num_workers：加载数据的线程数目，默认值为 0，可根据具体需求设定，此处无要求。
- eval_dataset：训练时所需的验证集。
- log_interval：输出日志的间隔，单位为执行批训练的次数，可根据具体需求设定，此处无要求。
- save_interval：保存模型的间隔频次，单位为执行训练的轮数，可根据具体需求设定，此处无要求。

了解完启动模型训练的具体参数信息后，接下来即可启动模型进行训练，代码如下。

```
# 启动模型训练
trainer.train(train_dataset, epochs=3, batch_size=32, eval_dataset=dev_dataset)
```

步骤 4：评估模型

模型训练完成后，可使用测试集数据，并调用 evaluate() 函数评估当前模型的准确率，代码如下。

```
# 通过测试集评估当前训练模型
trainer.evaluate(test_data_set, batch_size=32)
```

输出结果如下。

```
[INFO] - Evaluation on validation dataset: \
[EVAL] - [Evaluation result] avg_acc=0.6988
{ 'metrics' : defaultdict(int, { 'acc' : 0.6987577639751553})}
```

根据输出结果可以看到，该模型的准确率约为 0.6988。若对模型准确率不满意，可在步骤 3 中调大训练轮数 epochs 的值或重复执行步骤 3，以提高模型准确率。

步骤 5：预测结果

模型训练和评估完成之后，可以加载训练后得到的最优模型，使用自定义预测数据，调用 predict() 接口对模型进行预测，最后将预测结果输出，代码如下。

```
import paddlehub as hub
# 自定义预测数据
data = [
    # label: 1.0-> like
    ["绝：那叫一个嗨！"],
    # label: 2.0->sadness
    ["在静静的夜里，你的影子在我的脑海里久久不能离去，我无法割舍对你的眷恋；也无法抹去对你的思念。"],
    # label: 6.0->surprise
    ["我当时震惊了！"]
]
# 标签列表
label_list=['0.0', '1.0', '2.0', '3.0', '4.0', '5.0', '6.0', '7.0']
label_map = {
    idx: label_text for idx, label_text in enumerate(label_list)
}
# 加载最优模型
model = hub.Module(
    name='ernie_tiny',
    task='seq-cls',
    load_checkpoint='./ckpt/best_model/model.pdparams',
    label_map=label_map)
# 模型预测
results = model.predict(data, max_seq_len=128, batch_size=1, use_gpu=True)
# 输出结果
for idx, text in enumerate(data):
    print('Data: {} \t Lable: {}'.format(text[0], results[idx]))
```

输出结果如下。

```
Data: 绝：那叫一个嗨！          Lable: 1.0
Data: 在静静的夜里，你的影子在我的脑海里久久不能离去，我无法割舍对你的眷恋；也无法抹去对你的思念。      Lable: 2.0
Data: 我当时震惊了！          Lable: 6.0
```

根据输出结果可以看到，预测结果标签与原标签一致，即表示模型预测结果准确，若不一致则表示模型效果欠佳，可重新对模型进行训练以提高准确率。

知识拓展

在 PaddlePaddle 的模型库中，还集成了大量用于文本处理的模型和框架，包括自然语言处理基础技术、自然语言处理核心技术，以及自然语言处理系统应用 3 个方面的模型和框架。接下来对 PaddlePaddle 中的部分模型和框架进行解释说明，如表 8-2 所示。

表8-2　PaddlePaddle中的部分模型和框架

名称	概述	类别
LAC	LAC（Lexical Analysis of Chinese）是一个联合词法分析模型，能够整体完成中文分词、词性标注、专名识别等自然语言处理任务	自然语言处理基础技术
Word2Vec	提供单机多卡、多机等分布式训练中文词向量能力，支持主流词向量模型，可以快速使用自定义数据训练词向量模型	
Language_model	基于 LSTM 的模型的实现，给定一个输入词序列（中文分词，tokenize），计算其 ppl（语言模型困惑度，用于表示句子的流利程度）。相对于传统的方法，该模型基于循环神经网络的方法能够更好地解决稀疏词的问题	
ERNIE	ERNIE 是百度公司基于知识增强提出的开创性的持续学习语义理解框架。该框架将大数据预训练与多源、丰富的知识相结合，通过持续学习技术，不断吸收海量文本数据中词汇、结构、语义等方面的知识，实现模型效果的不断优化	自然语言处理核心技术
SimNet	SimNet 是一个计算短文本相似度的框架，可以根据用户输入的两个文本计算出相似度。该框架适用于信息检索、新闻推荐、智能客服等多个应用场景，可帮助企业解决语义匹配问题	
ELMo	ELMo 是重要的通用语义表示模型之一，其以双向 LSTM 为网络基本组件，以语言模型为训练目标，通过预训练得到通用的语义表示；将通用的语义表示作为特征迁移到下游自然语言处理任务中，可显著提升下游任务的模型性能	
Seq2Seq	Seq2Seq 模型广泛应用于机器翻译、自动对话机器人、自动生成文档摘要、自动生成图片描述等任务中。Seq2Seq 模型模拟了人类在翻译时的行为，先解析源语言、理解其含义，再根据该含义来输出目标语言的语句	
Senta	Senta 模型是目前较好的中文情感分类模型，可自动判断中文文本的情感极性类别并给出相应的置信度。进行情感分类能够帮助企业了解用户的消费习惯、分析热点话题，可为企业提供有力的决策支持	自然语言处理系统应用
DAM	DAM 是开放领域多轮对话匹配模型，可以根据多轮对话历史和候选回复内容，排序出最合适的回复	
EmotionDetection	EmotionDetection 模型专注于识别智能对话场景中用户的情绪，可针对智能对话场景中的文本，自动判断该文本的情绪类别并给出相应的置信度。该模型可判断的情绪类别分为积极、消极、中性。该模型的对话情绪识别适用于聊天、客服等多个场景，能够帮助企业更好地把握对话质量、改善产品的用户交互体验，也能帮助企业分析客服服务质量、降低人工质检成本	
ADEM	ADEM 模型可以评估开放领域对话系统的回复质量。该模型能够帮助企业或个人快速评估对话系统的回复质量，以减少人工评估成本	

课后实训

（1）启动模型进行训练主要使用以下哪个函数？（　　）【单选题】

A. run()　　B. start()

C. train()　　D. Trainer()

（2）对模型进行评估主要使用以下哪个函数？（　　）【单选题】

A. eval()　　B. evaluate()

C. evaluation()　　D. predict()

（3）PaddlePaddle 提供的 Adam 优化器中包含以下哪些参数？（　　）【多选题】

A. model　　B. learning_rate

C. parameters　　D. optimizer

（4）PaddlePaddle 提供的优化器中包含以下哪几项？（　　）【多选题】

A. SGD　　B. Adam

C. Adamax　　D. Adagrad

（5）自然语言处理可应用于以下哪些方面？（　　）【多选题】

A. 机器翻译　　B. 文本分类

C. 文本摘要　　D. 语音识别

项目 9 自然语言处理模型部署

09

在人工智能快速发展的时代，越来越多的自然语言处理模型被应用于不同的场景。模型部署为自然语言处理模型应用的主要步骤，包括客户端部署和服务端部署等方式。应根据不同的场景、模型的请求返回速度等方面的情况选择不同的部署方式，以便将模型以最方便、快捷的方式应用到实际的服务场景中。使用服务端部署的自然语言处理应用在日常生活中比较常见，如电商平台的口碑分析、消费者辅助决策等，都是通过客户端获取相应数据并将数据发送至服务端进行自然语言处理，以降低客户端的算力资源要求。

项目目标

（1）了解服务端部署应用案例。
（2）掌握PaddleHub自然语言处理模型的本地部署方式。
（3）了解PaddleHub自然语言处理模型的服务端部署方式。
（4）能够使用PaddleHub部署自然语言处理模型并进行应用。

项目描述

本项目将介绍服务端部署应用案例，并介绍 PaddleHub 自然语言处理模型的部署方式，同时将项目 8“自然语言处理预训练模型训练与应用”中已经训练好的情感分类模型进行本地部署以及服务端部署，最终通过调用相关接口实现模型部署预测。

知识准备

9.1 服务端部署应用案例

在“互联网时代”，很多的人工智能模型都是依靠服务端进行应用、部署的，例如智能语音助手。智能语音助手的实现流程为在语音输入后，在客户端将语音数据转换为文本数据，然后将文本数据发送到服务端进行处理，服务端根据传输的文本数据经过模型处理返回对应的数据，然后将文本数据重新合成为语音并进行输出，大致流程如图 9-1 所示。

语音输入 → 转换为文本数据 → 发送至服务端 → 文本数据处理 → 返回对应数据 → 文本语音合成 → 文本语音输出

图 9-1　智能语音助手的实现流程

百度 AI 人工智能开放平台已经开放了很多人工智能的 API，这些 API 实质上都是向服务端发送数据请求，服务端在接收到数据请求后通过模型接口对其进行处理并返回相应的数据，最后将处理后的结果再重新返回客户端。

9.2 PaddleHub 本地部署

PaddleHub 提供 hub list 用于存放下载的预训练模型，通过调用相关接口即可快速实现模型的本地部署及预测。通过 PaddleHub 实现本地部署及预测的具体步骤为使用 Module() 函数加载指定模型，并准备好待预测数据，通过调用 predict() 接口向模型发送预测数据，即可实现模型的本地部署及预测。

9.3 PaddleHub 服务端部署

PaddleHub 提供一键式服务端部署工具 PaddleHub Serving，用户使用 PaddleHub Serving 能够通过简单的 PaddleHub 命令行工具轻松、快速部署预训练模型，并启动在线预测服务。

使用 PaddleHub 下载至本地 hub list 的模型。可通过两种方式启动 PaddleHub Serving 服务将模型部署到服务端，一种是通过命令行启动，另一种是通过配置文件启动。具体的服务端部署的流程如图 9-2 所示。

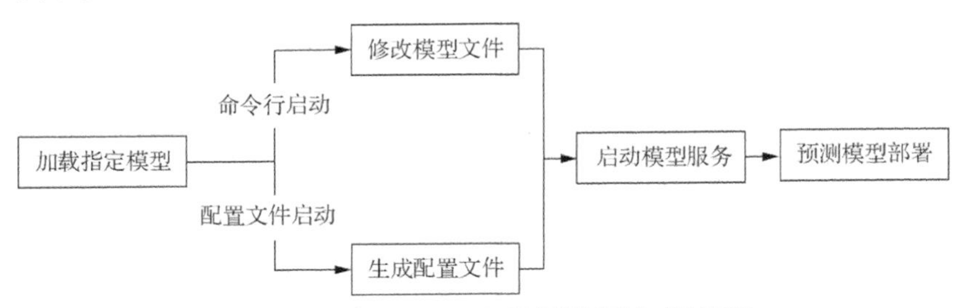

图 9-2　两种 PaddleHub 服务端部署方式的流程

9.3.1 命令行启动

在命令行终端执行 PaddleHub 命令即可实现在服务端部署模型，并启动在线预测服务，命令如下。

```
hub serving start --modules [Module1==Version1, Module2==Version2, ...] \
            --port XXXX \
            --use_gpu \
```

```
    --use_multiprocess \
    --workers \
```

PaddleHub 启动服务的命令中的参数说明如表 9-1 所示。

表9-1　命令参数说明

参数	说明
--modules/-m	PaddleHub Serving 预安装好的模型。--modules/-m 为指定模型的名称，以多个 Module= =Version 键值对的形式列出，当不指定 Version 时，默认选择最新版本
--port/-p	服务端口，默认为 8866
--use_gpu	使用 GPU 进行预测，必须安装 paddlepaddle-gpu 库
--use_multiprocess	是否启用并发方式，默认为单进程方式。推荐多核 CPU 机器使用此方式，Windows 操作系统只支持单进程方式
--workers	在并发方式下指定的并发任务数，默认为 2 × cpu_count−1，其中 cpu_count 为 CPU 核数

需要注意的是，--use_gpu 和 --use_multiprocess 不可共用。

执行完上述命令后即表示使用 PaddleHub Serving 在服务端部署模型，并启动在线预测服务。

9.3.2　配置文件启动

使用配置文件启动服务，首先需要创建配置文件，文件格式为 JSON 格式，文件示例内容如下。

```
{
 "modules_info" : {
  "yolov3_darknet53_coco2017" : {
   "init_args" : {
    "version" : "1.0.0"
   },
   "predict_args" : {
    "batch_size" : 1,
    "use_gpu" : false
   }
  },
  "lac" : {
   "init_args" : {
    "version" : "1.1.0"
   },
   "predict_args" : {
    "batch_size" : 1,
    "use_gpu" : false
   }
  }
 },
```

```
    "port": 8866,
    "use_multiprocess": false,
    "workers": 2
}
```

配置文件参数说明如表 9-2 所示。

表9-2 配置文件参数说明

参数	说明
modules_info	PaddleHub Serving 预安装好的模型，以字典列表形式列出，键为模型名称。其中，init_args 为模型加载时输入的参数，等同于 paddlehub.Module(**init_args)；predict_args 为模型预测时输入的参数，以 lac 为例，等同于 lac.analysis_lexical(**predict_args)
use_gpu	使用 GPU 进行预测，必须安装 paddlepaddle-gpu
port	服务端口，默认为 8866
use_multiprocess	是否启用并发方式，默认为单进程方式。推荐多核 CPU 机器使用此方式，Windows 操作系统只支持单进程方式
workers	启动的并发任务数，在并发模式下才生效，默认为 2×cpu_count-1，其中 cpu_count 代表 CPU 的核数

在配置文件中根据实际情况修改完参数值后，在命令行终端中使用以下命令在服务端部署模型，并启动在线预测服务。

```
hub serving start --config config.json
```

执行完上述命令后即表示使用 PaddleHub Serving 部署服务端的模型预测服务。

在启动 PaddleHub Serving 部署服务端的模型预测服务后，就可以在客户端访问预测接口以获取结果，接口 URL 的格式为“http://127.0.0.1:8866/predict/<MODULE>”。其中，8866 为服务端口号，若启动服务时指定了端口号则需对应修改；<MODULE> 为模型名，通过发送 POST 请求即可获取预测结果。

项目实施 | 部署情感分类模型

9.4 实施思路

基于对项目描述和知识准备内容的学习，读者应该已经了解了关于 PaddleHub 的两种部署方式。接下来将通过本地部署和服务端部署两种不同的部署方式，实现项目 8 “自然语言处理预训练模型训练与应用”中的情感分类模型的部署。

9.5 PaddleHub 本地部署实施步骤

首先进行 PaddleHub 本地部署，以下是 PaddleHub 本地部署实施的步骤。

（1）准备模型。

（2）准备数据。

（3）加载模型。

（4）预测结果。

步骤 1：准备模型

在进行模型部署前，需要先准备模型所需的参数文件。读者若想使用自己的模型参数文件，可以先将项目 8“自然语言处理预训练模型训练与应用”中训练好的模型参数文件下载至本地，也可以使用平台中 best_model 目录下已提供的模型参数文件，模型参数文件将于后续加载模型时使用。将自己的模型参数文件下载至本地并上传至平台的具体步骤如下。

（1）进入项目 8“自然语言处理预训练模型训练与应用”中介绍的人工智能交互式在线实训及算法校验系统，首先进入“ckpt”文件夹，然后进入 best_model 目录。

（2）勾选“model.pdparams”文件对应的复选框后，单击“download”按钮，将模型参数文件下载至本地。

（3）下载完成后，回到人工智能交互式在线实训及算法校验系统中单击“upload”按钮将下载的模型参数文件上传至 data 目录下即可。

步骤 2：准备数据

模型准备完成后，将需要预测的数据按指定格式设置好，并定义标签列表，以便后续进行模型加载和预测，具体代码如下。

```
# 预测数据
data = [
    # 3.0->happiness
    ["呵，大家要继续活力下去嘿！"],
    # 1.0->like
    ["六一快乐！"],
    # 4.0->anger
    ["谁知道人力资源老大的联系方式，我必须投诉他。"],
    # 2.0->sadness
    ["奈何！！！"]
]
# 标签列表
label_list=['0.0', '1.0', '2.0', '3.0', '4.0', '5.0', '6.0', '7.0']
# 标签字典
label_map = {
    idx: label_text for idx, label_text in enumerate(label_list)
}
```

其中标签字典 label_map 在模型加载时用于匹配模型中的标签。由于本项目使用的模型是情感分类模型，预测标签需与模型标签一致，因此标签字典为 0.0 ～ 7.0。

步骤 3：加载模型

接下来使用 PaddleHub 对已经训练完成的 ernie_tiny 模型进行加载，需要配置 Module() 函数中的相关参数才能正确加载模型。对函数中的参数进行如下说明。

- name：模型名称，即需要加载的模型的名称，这里使用的是 ernie_tiny 模型。
- task：任务类型，可选项有 seq-cls（文本分类）或 token-cls（序列标注任务）。这里的主要任务为文本分类，因此设置为 seq-cls。
- load_checkpoint：模型参数文件路径，即步骤 1 中参数文件的下载路径。
- label_map：用于匹配模型标签的标签字典。

加载模型的具体代码如下。

```
import paddlehub as hub
# 加载模型
model = hub.Module(
    name='ernie_tiny', # 模型名称
    task='seq-cls', # 任务类型，seq-cls 表示为文本分类
    load_checkpoint='best_model/model.pdparams', # 模型参数文件路径
    label_map=label_map) # 模型匹配的标签字典
```

步骤 4：预测结果

等待模型加载完成后，使用以下代码即可实现对模型的部署预测，具体代码如下。

```
# 模型预测
results = model.predict(data, max_seq_len=128, batch_size=1, use_gpu=True)
# 预测结果
for idx, text in enumerate(data):
    print('Data: {} \t Lable: {}'.format(text[0], results[idx]))
```

输出结果如下。

```
[INFO] - Already cached D:\.paddlenlp\models\ernie-tiny\ernie_tiny.pdparams
[INFO] - Loaded parameters from D:\best_model\model.pdparams
[INFO] - Found D:\.paddlenlp\models\ernie-tiny\vocab.txt
[INFO] - Found D:\.paddlenlp\models\ernie-tiny\spm_cased_simp_sampled.model
[INFO] - Found D:\.paddlenlp\models\ernie-tiny\dict.wordseg.pickle
Data: 呵 大家要继续活力下去嘿!          Lable: 3.0
Data: 六一快乐!       Lable: 1.0
Data: 谁知道人力资源老大的联系方式，我必须投诉他。   Lable: 4.0
Data: 奈何！！！       Lable: 2.0
```

根据输出结果可以看到，预测标签与实际标签并无差异，则表示模型准确度较高。

9.6 PaddleHub 服务端部署实施步骤

接下来进行服务端部署。9.3 节已经介绍了通过 PaddleHub 对模型进行服务端部署可以使用两种方式启动服务，一种是修改模型文件的参数，通过命令行启动服务，另一种是创建配置文件启动服务。

这两种启动服务的方式需要在本地计算机上进行，运行所需环境包括。

- PaddlePaddle 2.0.2。
- paddlepaddle-gpu 2.0.2.post100（使用 GPU 部署时使用）。
- PaddleHub 2.1.0。

在使用这两种服务端部署方式前，需要先将人工智能交互式在线实训及算法校验系统中的模型参数文件“model.pdparams”下载至本地计算机，用于后续指定模型权重文件路径时使用，具体实现步骤如下。

（1）首先需要在本地计算机中创建一个名为“best_model”的文件夹。

（2）进入人工智能交互式在线实训及算法校验系统，单击进入“best_model”文件夹。

（3）勾选“model.pdparams”文件对应的复选框后，单击“download”按钮，将模型参数文件下载至本地的“best_model”文件夹中即可。

使用 PaddleHub 进行服务端部署需要注意的是，命令行启动服务和配置文件启动服务的步骤均在本地计算机中执行。

9.6.1 命令行启动

首先使用命令行启动服务，以下是使用命令行启动服务的步骤。

（1）加载模型。

（2）修改文件。

（3）使用命令行启动模型服务。

（4）预测模型服务。

步骤 1：加载模型

使用 pip 配置对应的 PaddlePaddle 环境，完成客户端计算机环境配置后，使用 PaddleHub 将 ernie_tiny 模型下载至客户端 hub list 中。可通过在模型后面添加版本参数来指定下载的版本，例如，使用命令“hub install ernie_tiny==2.0.1”下载 2.0.1 版本的 ernie_tiny 模型。如果不指定版本则默认下载最新版本，本项目默认使用最新版本。

在命令行终端中执行以下命令即可下载模型。

```
hub install ernie_tiny
```

上述命令执行完成后，如果出现“Successfully installed ernie_tiny-xxx”字样则表示成功下载最新版本的 ernie_tiny 模型，其中 xxx 表示模型的最新版本号。

步骤 2：修改文件

模型下载完成后，在命令行终端使用以下命令查看模型存放路径。

```
hub list
```

在返回的模型列表中找到 ernie_tiny 模型对应的路径，接着在模型路径的文件夹下找到 module.py 文件，该文件为 ernie_tiny 的模型文件，可使用 Python IDE 对模型文件进行编辑修改，主要修改以下部分的参数，其他参数不进行修改，代码如下。

```
class ErnieTiny (nn. Layer) :
    "" "
```

```
    Ernie model
    """
    def __init__(
      self,
      task:str = 'seq-cls' ,
      load_checkpoint:str= './best_model/model.pdparams' ,
      label_map: Dict = { "0" : "0.0" , "1" : "1.0" , "2" : "2.0" , "3" : "3.0" , "4" : "4.0" ,
"5" : "5.0" , "6" : "6.0" , "7" : "7.0" },
      num_classes:int = 8,
      **kwargs,
  ):
    super(ErnieTiny, self).__init__()
    if label_map:
        self.label_map = label_map
        self.num_classes = len(label_map)
    else:
        self.num_classes =num_classes
```

对 module.py 文件中需要修改的参数进行如下说明。

- task：任务类型，因为这里的主要任务为情感文本分类，所以修改为 seq-cls（文本分类）。
- load_checkpoint：模型参数文件路径，设置为本步骤开始前，模型参数文件的下载路径需要修改为绝对路径。
- label_map：模型匹配的标签字典，修改为情感分类模型所匹配的标签，注意应为字典类型。
- num_classes：分类任务的类别数，需修改为与 label_map 一致。

以上参数需要根据具体情况修改，特别是 load_checkpoint 参数的值。

步骤 3：使用命令行启动模型服务

修改完模型文件的参数后，可以在命令行终端执行 PaddleHub 命令启动服务端部署的模型预测服务，模型服务端口号默认为 8866，若该端口被占用，可添加参数启用其他端口，具体可参考 9.3 节的内容，这里使用默认端口，命令如下。

```
hub serving start -m ernie_tiny
```

等待上述命令执行完成后，可看到图 9-3 所示的结果，表示模型在线预测服务启动成功。

```
 * Serving Flask app "paddlehub.serving.app_compat" (lazy loading)
 * Environment: production
   WARNING: This is a development server. Do not use it in a production deployment.
   Use a production WSGI server instead.
 * Debug mode: off
2021-05-12 18:20:03,352 - INFO -  * Running on http://0.0.0.0:8866/ (Press CTRL+C to quit)
[INFO 2021-05-12 18:20:03,352 _internal.py:113]  * Running on http://0.0.0.0:8866/ (Press CTRL+C to quit)
```

图 9-3　模型在线预测服务启动成功

这样就在 8866 端口成功启动了 ernie_tiny 模型服务，可方便接下来的部署预测。

步骤 4：预测模型服务

使用 PaddleHub Serving 部署服务端的 ernie_tiny 模型预测服务完成后，就可以向预测接口发送测试数据，并接收返回的预测结果。接口 URL 的格式为“http://127.0.0.1:8866/predict/ernie_tiny”。通过发送 POST 请求，即可获取预测结果，返回的结果为 JSON 格式，需要使用 Python 内置的 json 库将其解析出来，具体代码如下。

```
# coding: utf8
import requests
import json

if __name__ == "__main__":
    # 指定用于预测的文本并生成字典 { "text" : [text_1, text_2, ... ]}
    # label : 5.0  3.0  2.0
    text = [[ "我们还要这样的阳光吗？ " ],
            [ "真是好啊，加油吧，让我们一起享受这样的荣誉，让我们的房东客户也来享受一下不同的待遇！ " ],
            [ "在静静的夜里，你的影子在我的脑海里久久不能离去，我无法割舍对你的眷恋；也无法抹去对你的思念。" ]]
    # 以键值对的方式指定 text 为传入预测的数据，此例中键为 data
    # 对应本地部署，则为 lac.analysis_lexical(data=text, batch_size=1)
    data = { "data" : text, "batch_size" : 1}
    # 指定预测方法为 lac 并发送 POST 请求，Content-Type 类型应指定为 json 方式
    url = "http://127.0.0.1:8866/predict/ernie_tiny"
    # 指定 POST 请求的 headers 为 application/json 方式
    headers = { "Content-Type" : "application/json" }
     # 发送 POST 请求
    r = requests.post(url=url, headers=headers, data=json.dumps(data))

    # 输出预测结果
    print(r.json())
```

输出结果如下。

```
{ 'msg' : '' , 'results' : [ '5.0' , '3.0' , '2.0' ], 'status' : '000' }
```

根据输出结果可以看到，results 为预测的标签结果，其与实际标签一致，则表示模型预测准确。

预测完成后，若不再需要预测服务，则需要切换到打开服务的命令行终端，按“Ctrl+C”组合键以停止模型预测服务。

9.6.2 配置文件启动

接着使用配置文件启动服务，以下是使用配置文件启动服务的步骤。

（1）加载模型。

（2）创建配置文件。

（3）使用配置文件启动模型服务。

（4）预测模型服务。

步骤 1：加载模型

首先使用 PaddleHub 将 ernie_tiny 模型下载至客户端的 hub list 中，可以在模型后面添加版本参数指定下载版本，例如“hub install ernie_tiny==2.0.1”，不指定版本则默认下载最新版本。这里默认使用最新版本，在命令行终端中执行以下命令即可下载模型。

```
hub install ernie_tiny
```

上述命令执行完成后，如果出现“Successfully installed ernie_tiny-xxx”字样则表示下载完成，其中 xxx 表示 ernie_tiny 模型的最新版本号。若在 9.3.1 小节中已经加载过模型，则会提示“Module ernie_tiny already installed”字样，表示模型已下载完成。

步骤 2：创建配置文件

模型下载完成后，在本地计算机中创建配置文件，用于后续使用 PaddleHub Serving 启动服务端的模型预测服务。以 Windows 系统为例，在 D 盘下创建文件名为“config.json”的配置文件，并在配置文件中写入以下内容。

```
{
 "modules_info" : {
  "ernie_tiny" : {
   "init_args" : {
    "task" : "seq-cls" ,
    "version" : "2.0.2" ,
    "load_checkpoint" : "./best_model/model.pdparams" ,
    "label_map" : { "0" : "0.0" , "1" : "1.0" , "2" : "2.0" , "3" : "3.0" , "4" : "4.0" , "5" : "5.0" , "6" : "6.0" , "7" : "7.0" },
    "num_classes" : 8
   },
   "predict_args" : {
    "batch_size" : 1,
    "use_gpu" : false
   }
  }
 },
 "port" : 8866
}
```

参数的具体说明可参考 9.3.2 小节的内容，对写入内容需要修改的内容进行如下说明。

- ernie_tiny：模型名称，设置为本次使用的 ernie_tiny 模型。
- task：任务类型，设置为 seq-cls（文本分类）。
- version：模型版本，在步骤 1 中执行完下载命令则可看到模型版本。
- load_checkpoint：模型参数文件路径，需要修改为绝对路径。
- label_map：模型匹配的标签字典，设置为 0.0 ～ 7.0，注意应为字典类型。
- num_classes：分类任务的类别数，此处设置为 8。
- batch_size：每次放入预测的数据的条数，默认值为 1。

- use_gpu：是否使用 GPU，此处设置为 false。
- port：启动预测服务的端口，若端口被占用，则可根据实际情况进行修改。

配置文件内容填写、修改完成后进行保存并关闭。需要特别注意的是，JSON 格式的文件中所有用到的引号符号，必须全部为英文双引号，否则文件会报错，后续启动模型服务会出现文件格式错误。

步骤 3：使用配置文件启动模型服务

保存完配置文件后，可以在命令行终端执行 PaddleHub 命令，并指定配置文件路径以启动服务端的模型预测服务，注意修改配置文件的路径，命令如下。

```
hub serving start -c D:\config.json
```

等待上述命令执行完成后，可以看到图 9-4 所示的结果，表示模型服务启动成功。

```
* Serving Flask app "paddlehub.serving.app_compat" (lazy loading)
* Environment: production
  WARNING: This is a development server. Do not use it in a production deployment.
  Use a production WSGI server instead.
* Debug mode: off
2021-05-12 18:20:03,352 - INFO -  * Running on http://0.0.0.0:8866/ (Press CTRL+C to quit)
[INFO 2021-05-12 18:20:03,352 _internal.py:113]  * Running on http://0.0.0.0:8866/ (Press CTRL+C to quit)
```

图 9-4　模型服务启动成功

这样就使用配置文件在 8866 端口成功启动了 ernie_tiny 模型的预测服务，可方便接下来的部署预测。

步骤 4：预测模型服务

使用 PaddleHub Serving 完成部署服务端的 ernie_tiny 模型预测服务后，就可以向预测接口发送测试数据，并接收返回结果，接口 URL 的格式为“http://127.0.0.1:8866/predict/ernie_tiny”。通过发送 POST 请求，即可获取预测结果，返回的结果为 JSON 格式，需要使用 Python 内置的 json 库将其解析出来，具体代码如下。

```
# coding: utf8
import requests
import json

if __name__ == "__main__":
    # 指定用于预测的文本并生成字典 { "text" : [text_1, text_2, ... ]}
    # label : 5.0 3.0 2.0
    text = [[ "我们还要这样的阳光吗？" ],
            [ "真是好啊，加油吧，让我们一起享受这样的荣誉，让我们的房东客户也来享受一下不同的待遇！" ],
            [ "在静静的夜里，你的影子在我的脑海里久久不能离去，我无法割舍对你的眷恋；也无法抹去对你的思念。" ]]
    # 以键值对的方式指定 text 为传入预测的数据，此例中键为 data
    # 对应本地部署，则为 lac.analysis_lexical(data=text, batch_size=1)
    data = { "data" : text, "batch_size" : 1}
```

```
# 指定预测方法为 lac 并发送 POST 请求，Content-Type 类型应指定为 json 方式
url = "http://127.0.0.1:8866/predict/ernie_tiny"
# 指定 POST 请求的 headers 为 application/json 方式
headers = { "Content-Type" : "application/json" }
 # 发送 POST 请求
r = requests.post(url=url, headers=headers, data=json.dumps(data))

# 输出预测结果
print(r.json())
```

输出结果如下。

```
{ 'msg' : '' , 'results' : [ '5.0' , '3.0' , '2.0' ], 'status' : '000' }
```

根据输出结果可以看到，results 为预测的标签结果，其与实际标签一致，则表示模型预测准确。

预测完成后，若不再需要预测服务，则需要切换到打开服务的命令行终端，按“Ctrl+C”组合键以停止模型预测服务。

知识拓展

PaddleHub 中集成了很多预训练模型，可以通过调用 Module() 加载指定版本的模型，加载后的模型会默认储存在 hub list 中，可用于迁移学习和模型预测。具体使用 PaddleHub 的 Module() 加载预训练模型的示例代码如下。

```
# 导入 PaddleHub
import paddlehub as hub
# 加载 ernie_tiny 模型
model = hub.Module(name= 'ernie_tiny' , version= '2.0.2' )
```

上述代码为加载 2.0.2 版本的 ernie_tiny 模型，其中 name 参数表示模型的名称，用于指定加载的模型，version 参数表示模型的版本号，用于指定加载模型的版本号，如不添加该参数则默认加载最新版本的模型。加载完成后可以在命令行终端使用“hub list”命令查看模型的下载位置。

如果想加载 PaddleHub 中其他的预训练模型，可对应修改 Module() 函数中 name 参数的值，将其修改为对应的模型名称，并将版本修改为所需的模型版本即可。

截止到目前，PaddleHub 中用于文本类的模型已有 129 个，其中有 15 个模型可用于文本生成，有 61 个模型可用于词向量生成，有 40 个模型可用于语义分析，有 7 个模型可用于情感分析，有 1 个模型可用于句法分析，有 2 个模型可用于词法分析，有 3 个模型可用于文本审核。

课后实训

（1）使用 PaddleHub 本地部署可调用以下哪个接口进行预测？（　　）【单选题】

A. prediction()　　B. predict()

C. eval()　　D. train()

（2）使用 PaddleHub 命令启动服务端部署中的参数 -m 的含义是什么？（　　）【单选题】

A. 模型名称　　B. 端口号

C. 并发方式　　D. 并发任务数

（3）使用 PaddleHub 服务端部署默认会打开以下哪个端口？（　　）【单选题】

A. 3306　　B. 80

C. 443　　D. 8866

（4）向服务端部署的模型预测接口发送请求会返回以下哪种格式的数据？（　　）【单选题】

A. list　　B. dict

C. json　　D. tuple

（5）向服务端部署的模型预测接口发送请求，返回的数据中包含以下哪些数据？（　　）【多选题】

A. msg　　B. data

C. results　　D. status